儿童行为速查手册

儿童行为心理学

李群锋◎著

古吴轩出版社
中国·苏州

图书在版编目（CIP）数据

儿童行为心理学 / 李群锋著. — 苏州 : 古吴轩出版社, 2016.6（2019.9重印）
ISBN 978-7-5546-0692-6

Ⅰ. ①儿… Ⅱ. ①李… Ⅲ. ①儿童心理学 Ⅳ. ①B844.1

中国版本图书馆CIP数据核字(2016)第119419号

策　　划：花　火
责任编辑：蒋丽华
见习编辑：顾　熙
装帧设计：润和佳艺

书　　名：儿童行为心理学
著　　者：李群锋
出版发行：古吴轩出版社
地址：苏州市十梓街458号　　邮编：215006
Http：//www.guwuxuancbs.com　　E-mail：gwxcbs@126.com
电话：0512-65233679　　传真：0512-65220750
出 版 人：钱经纬
印　　刷：大厂回族自治县彩虹印刷有限公司
开　　本：710×1000　1/16
印　　张：14.5
版　　次：2016年6月第1版
印　　次：2019年9月第8次印刷
书　　号：ISBN 978-7-5546-0692-6
定　　价：35.00元

前言 Preface

爱孩子，就要读懂孩子的心灵世界

父母是孩子的守护者，也是最爱孩子的人。孩子的细微变化、一言一行都牵动着父母的神经。

在日常生活中，孩子的许多行为常常会令父母感到困惑。有时候，孩子会突然开心大笑；有时候，孩子又会忽然放声大哭；有时候，孩子会和小朋友为争夺一个玩具而大打出手；有时候，孩子又会独自躲在角落里自言自语地玩着什么……

对于很多父母来说，孩子的内心，仍然是一个无法探索的神秘迷宫。也许有的父母认为，小小孩童的心灵就是一张无须解读就可以一览无余的白纸，如果你这样认为，那就大错特错了！其实，孩子的内心世界，要比我们想象的丰富得多！而且他们还爱憎分明，喜欢你就会冲你笑，不喜欢你就会对你置之不理。他们对人的评价不是“好”就是“坏”，对事物的理解不是“是”就是“非”……许多事情在成人的眼中是错误的、可笑的，但在孩子的眼中却是正确的、正常的。

孩子的行为多种多样，而其每个行为的背后都有着和成人不太一样的行为心理，只有抓住孩子行为背后的心理才是解决问题的关键。可是，有些父母由于对此不了解，看到孩子大哭大闹，他们首先想到的就是把孩子批评一顿，却并不去想孩子为什么会哭，难怪如今很多孩子都会抱怨父母不能理解自己。而更关键的是，还有的父母把孩子的一些正常表现当成了不乖的行为并予以斥责，这样就违背了孩子的天性，孩子会觉得痛苦，从而留下心理隐患。父母要懂得，教育孩子不应该只看表面的东西，要去探究孩子行为背后的心理，这样才能对症下药，正确引导。所以说，读懂孩子，解开孩子行为背后的心理密码是父母的一门必修课。

然而，要想了解孩子莫名举止背后的真实，就要走进孩子的内心世界，这样才能帮助孩子跨过成长中的荆棘。因此，每一个父母都应该懂点儿童行为心理学。而对于渴望解读孩子内心的一般读者来说，目前最需要的，并不是什么高深的理论、专业性的论述，而是通俗易懂的分析，以及实用的方法，而本书则是最佳选择。

在本书中，列举了一些孩子比较常见的行为举止，并且通过浅显易懂的语言进行了分析与讲解。这些深奥的理论摇身一变，就成了通俗易懂的小问题，深入浅出，为父母指出走进孩子内心世界的秘径。

相信只要你通读本书，理解、掌握书中的教育理念，并实践其中的方法，你就一定能够成为称职的父母，你的孩子也可以从小就做一个“快乐宝贝”，长大后成为一个性格积极、身心健康的社会人，从而拥有幸福、美好的人生。

目录
Contents

Part 1

啼哭——宝宝向父母表达意愿的特殊“语言”

随着婴儿呱呱坠地，“哇”的一声哭，宣示着一个小生命降临了。从此以后，宝宝便用啼哭这种方式向父母表达自己的内心需求。可是，很多新手父母由于没有经验，一旦听到孩子的哭声，就急得像热锅上的蚂蚁，不知所措。其实，宝宝的哭声有很多含义，它是宝宝表达自己感情、需要以及身体状况的一种特殊语言。如果父母能够读懂这种特殊语言，那么在照料宝宝的时候就能做到心中有数，处理得当。

哭声抑扬顿挫——宝宝在做运动

我们都知道，由于新生儿还不会说话，哭就是其一种特殊的语言表达方式。可是，由于很多新手父母并不懂得宝宝的哭声背后所隐藏的含义，所以当孩子哭时，就急忙使用哄、抱、走动，以及又哼又唱等方式，但十八般武艺用尽，却都无法让宝宝平静下来。于是他们就怀疑宝宝是不是生病了，急得一筹莫展。

“哭哭”更健康

其实，宝宝有时即使很高兴，他也会啼哭。因为他是在用哭来告诉父母：“我很好，身体很健康！”这是宝宝的生理性啼哭，这种啼哭也是婴儿的一种特殊的运动方式。

当婴儿啼哭时，张嘴闭眼，双臂伸屈，双腿乱蹬，是一种良好的健身运动，这对宝宝的健康很有益处：能加大肺部活动量，即吸进更多的新鲜氧气，排出体内的二氧化碳；加速了血液循环，促进身体的新陈代谢，进而促进生长发育；促进神经系统的发育，使条件反射逐步形成，智力增强；增进食欲，增强胃肠道的消化和吸收能力。

那么，父母如何辨别宝宝的哭声是否是生理性啼哭呢？

表现：宝宝的哭声抑扬顿挫，很响亮，并且伴有节奏感。哭而无泪，进食、睡眠及玩耍都很好。每次哭的时间很短，一天大概能哭好几次。

应对：当你判断出宝宝是生理性啼哭以后，只要远远地看着他就行了，那样可以让他做做运动。当然，生理性啼哭虽然对宝宝有好处，可是哭久了，也不一定是好事。因此，当你觉得已经达到了锻炼的目的，不想让宝宝再哭了时，你就可以轻轻地触摸他，对他微笑，把他的两只小手放在腹部轻轻摇晃两下，这样宝宝就会停止啼哭。

不过，需要注意的是，一定要确信宝宝是生理性啼哭时，才可以远远地看着他。如果不是，父母就一定要马上抱起他，给他安慰，以防宝宝会越哭越厉害。

读懂宝宝需求性啼哭，回应才更有针对性

有些人认为，婴儿一哭千万不要马上就抱起来，那样“爱哭”的行为就会受到鼓励，婴儿就会变得娇气、任性，所以哭就让他哭吧，等他哭累了自然就安静了。事实上，这种想法是不正确的，父母如果不及时对婴儿的啼哭做出回应，婴儿的情感需求就得不到满足。

哭是宝宝的特殊“语言”

婴儿哭闹是一种本能反应，是与父母交流的方式和对内外环境刺激的反应与要求的特殊语言。婴儿通过这种方式来向身边的父母表达自己的情绪，希望得到父母的安抚。

除了上节讲到的生理性啼哭之外，宝宝其他的每一种啼哭都在向父母传达着他的需求，也都特别需要获得父母的回应。如果做父母的能够读懂孩子的哭闹、姿势和平常的行为，那么你和孩子之间的关系就一定会变得更加亲密。

“对症下药”应对宝宝需求性哭闹

身为父母应该用观察的心态去倾听宝宝的哭声，然后判断出宝宝有哪

一种需求，并针对宝宝的需求来做出有针对性的回应，这样才能更好地照料宝宝。当宝宝的需求获得满足时，他就会停止哭泣了。

“我饿了，快开饭吧！”

在宝宝出生后的前3周里，在大部分情况下，健康新生儿的哭是由于感到饥饿，大部分新手妈妈听到宝宝哭声的第一反应也是赶紧喂奶。小家伙只要含上乳头或奶嘴，就会立刻安静下来，开始认真吮吸，并表现出急不可待的样子。

饿哭的典型“声音效果”是低音调，有节奏，并且重复着一定的模式：先短促哭一声，然后有个停顿，再短哭一声，再停顿，就像在说“饿——饿——”一样。直到被妈妈抱起来喂奶，宝宝的哭声才会停止。如果此时宝宝同时张开嘴向四周寻觅，一旦有人抱他，马上就扑到怀里，直奔主题，这也可以帮助判断宝宝是否因饥饿而哭。

当判断出宝宝饿了时，父母就要马上抱起宝宝，同时还要用语言安慰他：“哦，宝宝饿了，我们马上开饭啊。”建议父母在喂奶的同时，还要对宝宝说“宝宝真棒，吃得真好”之类赞扬的话，眼睛不时望着宝宝，投去赞许的眼神，并轻轻抚摸宝宝的脸颊，这样宝宝就能吃得安心、愉快，从而也有助于消化。需要注意的是，不要让宝宝一边哭一边吃，那样会容易呛奶。

另外，一般来说，小宝宝可能2～3个小时就饿了，可有些人总喜欢固定3个或4个小时才给宝宝奶喝，以养成规律的生活习惯，这种方式会导致宝宝饥饿难耐，不是哭个不停，就是有了奶后狼吞虎咽地狂喝，以至于喝入太多空气，这样会造成肚子痛，导致再哭一次。

那么，应该几个小时喂一次奶好呢？这要依据宝宝的个性、气质来定。对于每次喝奶总是又快又急的宝宝，可以在喂完奶后帮他拍背排气，以免宝宝吸入过多的空气。

“我渴了，我要喝水！”

当宝宝不只哭声中带有不耐烦的情绪，还做出了与饿相似的动作，并且还不停地舔嘴唇时，这就表明他现在口渴了。这时你就需要喂他一些水喝。

水分是组成人体重量的主要部分，宝宝的年龄越小，体内所含的水分比例就越高。一般来讲，正常足月婴儿体内的水分占75%左右，早产儿体内的水分占80%左右，成人体内的水分占60%左右。所以如何给宝宝喂水也是十分重要的。

也许有的妈妈会认为，吃母乳的宝宝不需要喝水。虽然母乳中含有大量的水分，可是如果在天气炎热的夏天里，母乳中的水分并不能完全满足宝宝的需求，宝宝会因为经常出汗而导致唇干。因此，当宝宝出现上面的行为时，就要为他补充额外的水分，那样他就会停止哭泣。如果宝宝不喝水，那润一润宝宝的嘴唇也是好的。如果是混合喂养或人工喂养，那么就应该在两顿奶之间给宝宝喂一次水。

需要注意的是，喂水的次数和数量要灵活，要根据天气和宝宝自身的状况来定。另外，宝宝口渴时，只要喂他一些温的白开水就行了。很多父母用各种甜果汁、汽水或其他饮料来代替白开水给宝宝解渴，这样是不妥当的。因为饮料里面含有大量的糖分和较多的电解质，喝下去之后不会像白开水那样很快就离开胃部，而会长时间地滞留，进而对胃部产生不良刺激。所以，对于宝宝来说，白开水才是最好的饮料。

“真难受，快给我换尿布吧！”

宝宝尿湿是很正常的事，当宝宝躺在脏的尿布上时，小屁股就会不舒服。这时，他就会发出不是很大的哭声，节奏也比急需喝奶时发出的哭声缓慢得多，而且还常伴有躯体转动不安。当你发现宝宝的这种行为时，就要及时给宝宝更换干爽的尿片，以防宝宝的小屁股变得红肿。

父母要注意的是，在给宝宝换尿片的时候，千万不要指责他的哭闹行为，反而应该说一些“宝宝真聪明，会告诉妈妈尿尿了，很快就换好了”等表扬的话。这种语言是对宝宝哭泣的安抚，而指责只会让宝宝觉得委屈。倘若不回应宝宝的哭声，总是不及时给他更换尿片，不仅会对宝宝的身体造成伤害，更会对宝宝的心理造成难以修正的创伤。

“我就想让你抱着我！”

宝宝没有出生之前，在妈妈的子宫里生活了9个多月，妈妈的子宫是那样温暖，被羊水包围着，身体有依托的感觉，能让宝宝有安全感。可是，当宝宝呱呱坠地时，身体突然暴露在无依无靠的空间中，周围的环境也从妈妈的子宫变成了陌生的世界，一种破碎崩塌的感觉强烈地袭击了宝宝脆弱的心灵，让其产生恐惧不安的感觉。所以，他会很怀念在妈妈子宫里的感觉，会借由哭泣来期待爸爸妈妈给予拥抱或呵护，这是一种撒娇的表现。

当哭得热闹的宝宝刚被抱起来时就停止了哭泣，那就说明他或许需要皮肤与皮肤的接触。有些妈妈担心这样会惯坏宝宝，其实，在宝宝生下后3个月以内，这种顾虑完全没有必要。他只不过是喜欢听到妈妈的声音，听到熟悉的心跳声，闻到妈妈的味道，这太正常了。所以，新手父母们应该多抱抱小宝宝。

不过，有一点需要提醒新手父母的是，即使比较缠人的宝宝，也会在要求被抱的次数和频率上有所改变。也许上次他哭是想被抱，而下次却是想让你放下他。很多婴儿哭是因为他想改变现状，等你抱起他或放下他之后，看看他是否能安静下来，如果他不哭了，那就说明你做对了。

“我太累了，快让我睡吧！”

累了就睡是婴儿大多数时间的本能反应，而且也不需要太多的安抚，他们很快就能睡着。新生儿一整天需要16个小时左右的睡眠，如果宝宝累了，眼皮就会显得很重，并且会打哈欠，揉眼睛。如果你没有发现他的这些暗示，还是一味地哄他、逗他、抱他，那可就不妙了，宝贝为此大发脾气也是在所难免的。

因为疲劳而发出的哭声很难让人想到他只是想睡觉，因为这种哭声一般很强烈，而且像花腔一样还带着颤抖和跳跃。此时，最明智的做法就是赶快让周围安静下来，把宝宝放到小床上，拍拍他，让他尽快入睡。宝宝越疲劳，就越不容易安静下来，抗议的哭声也就越强烈。所以，照顾宝宝时，要全神贯注地观察他的一举一动，一旦发现他想睡觉的信号，就别再逗他玩了，否则只能好心办错事。

“太热（冷）了，我很不舒服！”

新生儿喜欢身体暖暖的感觉，这和他们在妈妈子宫里的感觉一样舒服。可是在炎热的夏季或者寒冷的冬季，季节的交替变化，就会影响室内的温度。室内过热或者过冷，都会让宝宝感到焦躁或者不舒服而啼哭。

当宝宝感觉冷了时，发出的哭声会不太响，比较低沉但有节奏，而且也不怎么转动身体，小手、小脚摸上去也有些凉。这时，你就要给宝宝加被子、衣物，或把他放在暖和的地方，那样宝宝就不会再哭泣了。

当宝宝感觉热了时，哭声就会很大，并且神情不安，小胳膊和小腿一直舞动，脖子上还有很多汗。这时，你就要给他减少被子、衣物，或把他放在凉爽的地方，他就会马上安静下来了。

“快来陪我玩会儿吧！”

为什么有的宝宝可以很长时间独自躺在自己的小床上不哭不闹，而有的宝宝却几乎离不开人？那些比较警觉的宝宝有更强烈的与人交往的意愿。

即使只有6周大，宝宝也会有感到无聊的时候。他会用低声的啜泣来告诉你，他需要看见你，或者需要换个环境。这时，如果你轻轻地哼唱他熟悉的歌曲或是让床头吊挂的玩具转起来，就能起到很好的安慰作用，甚至有时你只要把他抱到另一个地方躺着，他也能高兴起来，因为他能看到不同的“风景”了。

“这儿太乱了，我受不了了！”

如果宝宝的哭声里带着烦躁不安的情绪，你该看看是不是周围环境里的刺激太强了，比如强烈的灯光、嘈杂的声音、突然的移动，或者只是你在抱他的时候摇动的幅度太大了。如果是这样，先尽可能地让周围的环境平静下来，把灯光调暗，让屋子里的声音降低，减小手臂的摆动幅度等。先让他躺在床上发泄一会儿，然后看看能否把他哄开心。那些比较敏感的宝宝会倾向于有规律的生活，尝试建立一个日常作息时间表，努力使每天喂奶、洗澡、散步、睡觉的时间固定下来，这可以让他们更安心。

“有什么东西伤到我了！”

一般情况下，宝宝剧烈而大声地哭喊，是因为其身体感到疼痛，而不是因为饥饿或疲劳。如果你听到宝宝突然尖声哭闹，就要马上检查是什么让他不舒服或受伤了。看看是否床栏卡住了他的腿或脚，是否有头发或线头缠住了他的脚趾使血液流通不畅了，或者是否有灰尘迷住了眼睛使他很难受，等等。在确认没有问题后，再适当地安慰他，要等他的情绪稳定了以后再离开。

仔细分辨宝宝病理性啼哭很重要

我们把因为生病而哭称为“病理性啼哭”。由于婴儿不会说话，所以他们的身体如果感到不舒服或者染有某种疾病时，就会用哭来警告父母。病理性啼哭和生理性啼哭是有本质性区别的。

对于新手父母来说，由于没有经验，他们无法分辨出哪种哭声是生理性的，哪种哭声是病理性的，从而可能会导致耽误了病情，影响宝宝的健康成长。因此，对于宝宝的啼哭，父母要仔细分辨。

夜间惊哭：“我缺钙了！”

宝宝在夜间总醒，哭一会儿，睡一会儿，很不安宁，就像受到了惊吓；哭的时候时常呈睡状，闭着眼睛哭，同时肢体抖动。宝宝的这种症状表明他可能缺钙了，这时妈妈需要给宝宝补钙。

然而，需要注意的是，因为缺钙会补充鱼肝油，而鱼肝油中含有维生素A，如果维生素A摄入过多，就会引起中毒，宝宝就会出现烦躁不安、多汗的症状，类似缺钙的表现。如果忽视了维生素A中毒的可能，而误认为是仍然缺钙，继续给宝宝补充鱼肝油，甚至加大剂量，就会出现更严重的维生素A中毒症状。

阵发性剧哭："我的小肚肚好疼！"

宝宝突然剧烈地哭闹，而且是一阵一阵的，并且面色苍白，表情痛苦，躁动不安，常伴有双腿屈曲的动作。2～3分钟后又恢复正常，宝宝可玩耍或安静入睡，但间隔一段时间又再次剧烈哭闹。这种症状表明宝宝可能患上了肠套叠，父母应该赶快带宝宝就医。

突发尖叫啼哭："我的头好痛！"

宝宝突然发出尖叫般的哭声，音调高，哭声来得急，去得快，脸阵阵青紫，四肢肌肉抖动。这种症状表明宝宝的头很痛，可能患有脑出血或缺血性脑病，所以父母要赶快带宝宝就医。

啼哭伴抓耳挠腮："我的耳朵不舒服！"

宝宝哭声大而高，夜间尤甚，哭的时候总是晃动头部，并伴有抓耳挠腮。这种症状表明宝宝的耳朵可能不舒服，大多是患上了急性中耳炎，也可见于外耳道疖肿或外耳道异物，如果有脓性分泌物自耳中流出则更易判断，需要马上带宝宝就诊。

突然持续剧烈哭闹："我突然疝气了！"

宝宝突然持续地剧烈哭闹起来，父母要注意有无疝气嵌顿，需及时到外科就诊。

啼哭伴有流涎："我的嘴巴里好疼！"

本来很干净的宝宝，突然开始流涎，或比原先流涎大为增加，下颌总是湿漉漉的，每当喂食时宝宝就哭闹不已。这时父母应该检查一下宝宝的口腔是否有溃疡、疱疹、糜烂、齿龈肿胀等，及时到口腔科就诊。

啼哭伴咳喘："我喘不上来气！"

宝宝连续短促地急哭并伴有咳喘，口唇发紫，出气很费劲，有时还伴有发烧。这种症状表明宝宝可能患上了肺炎，需要马上去医院进行治疗。

呻吟低哭："我生病了，没有力气大声哭！"

宝宝发出似哭又似微弱的"哼哼"声，表现为无助的低声哭泣，不带有情绪和要求，这是疾病严重的自然表露，这时需要立即带宝宝就医。

排便时啼哭："我的屁屁好疼啊！"

宝宝在排大便的时候啼哭，可能是由于肛门疾病引起的，如肛周脓肿、肛裂等。排尿的时候啼哭可能是由于尿道口炎症所致，男婴还可能是由于包皮过长所致。

像小鸭子叫似的啼哭："我的嗓子很难受！"

宝宝发出像小鸭子叫似的啼哭声，如果同时还伴有颈部强直、恶寒、发热等症状，则应考虑宝宝是否患有咽后壁脓肿，应把这种哭声与一般的声音嘶哑相区别。声音嘶哑是由感冒引起的咽炎、喉炎造成的，而咽后壁脓肿则比较危险，如果脓肿溃破，脓汁可堵塞呼吸道，危及生命。因此，如果宝宝出现像小鸭叫似的啼哭一定要及时就医。

傍晚大哭伴随惊声尖叫——新生儿肠绞痛

浩浩将近2个月了。一天下午他睡醒时已经5点多了，妈妈给他换了尿布后，就开始给他喂奶。可是还没喝几口，他就开始哭闹起来，打着挺儿地不再吃了。然后，妈妈开始用玩具逗他，可没过1分钟，他就不再感兴趣了。接着，妈妈又抱着他一边走动一边轻轻地摇，但他的哭声也没有停下来，反而是哭的声音越来越大，而且哭声中还带着尖叫，脸色通红，两个小拳头攥得紧紧的，好像是身体很疼的样子。于是，妈妈就赶快带他去了医院。可是，小家伙到了医院却不再哭闹了，之前身体难受的症状就好像没发生过一样。医生检查了一下浩浩的身体，没有发现什么异常，就说是肠绞痛。

什么是肠绞痛

肠绞痛，是由于婴儿肠壁平滑肌阵阵强烈收缩或肠胀气引起的疼痛，是小儿急性腹痛中最常见的一种。严格来说，它并不是一种疾病，而是一种“症候群”，是宝宝成长过程中的一种常见现象。它由许多因素不协调所引起，大多发生在出生3个月以内的婴儿身上，并多见于易激动、兴奋、烦躁不安的婴儿。一般宝宝在3个月以后几乎都会恢复正常。不过，约有10%的婴儿发病期会延长到4个月以上。

宝宝肠绞痛发作的时间，大多在黄昏某个固定的时间段内，少数宝宝在白天或者是晚上的任何时候都会哭闹，也有的宝宝整夜哭闹不停。

当宝宝长大之后，随着神经生理发育的逐渐成熟，肠绞痛的情形自然就会得到逐渐改善。

引起宝宝肠绞痛的原因

引起宝宝肠绞痛的原因大致有以下几种：

（1）宝宝吸乳时吞入大量空气，哭闹时也吸入较多空气，形成气泡在肠内移动从而导致腹痛。

（2）喂奶过饱，致使宝宝胃部过度扩张而引起不适。

（3）牛奶过敏诱发肠绞痛。

（4）兴奋型宝宝对各种刺激的反应也会引起肠绞痛。

肠绞痛的症状

当宝宝发生肠绞痛时，常见的症状是声嘶力竭地大哭，哭的过程中，往往会伴随着惊声尖叫、脸色通红、拳头紧攥、双腿蜷缩、四肢冰凉等症状。

所有的安抚对宝宝来说好像都只是在1分钟之内有效，宝宝可能因为吸吮乳头或安抚奶嘴而停止哭闹，但马上哭闹又会开始；轻轻摇他也会使他停止哭闹，但同样仅仅在几秒钟之内有效；轻轻揉擦他的小肚子也能让他奇迹般地停止哭闹，然而同样也不能持久；一旦你打断这种可怕的哭闹，宝宝就会抖动着抽泣，直到下一次哭闹开始。这种间歇性的哭闹过程将持续至少1个小时，甚至是3～4个小时，直到宝宝哭得精疲力竭才会停止，有时在排气、排便后会稍有改善。

新手爸妈们一定要注意的是，当宝宝有以上症状时，才有可能是肠绞痛。另外，也要细心地观察宝宝是否有因其他的需求没有被满足而引起哭闹的情况。比如，宝宝肚子饿了、尿布湿了、鼻塞、环境太热或太冷等，也有的宝宝是睡醒后想要有人抱或找人玩。如果都不是，才考虑是否为肠绞痛所引起的哭闹。此外，如果宝宝在哭闹的过程中还伴有其他病症的发生，如发烧、反复呕吐、脸色苍白、便血等，应立即就医。

怎样帮助宝宝缓解疼痛

当宝宝因肠绞痛而痛哭时，你可以采取下面的方法来帮助宝宝缓解疼痛：

（1）将宝宝竖抱，让宝宝的头靠在妈妈的肩上，然后从上至下轻轻拍打宝宝的背部，排出过多的空气。

（2）用暖水袋热敷宝宝的腹部，并轻揉腹部；也可让宝宝趴在膝盖上，按摩宝宝的背部；或给宝宝洗个温水澡。

（3）在宝宝肚子上涂抹一些消胀气的如薄荷油等挥发性药膏，可促进肠子排气，有时也会很有效。

（4）当宝宝因肠绞痛而哭闹不安时，作为妈妈的你即使再着急、再紧张，也不要把你焦虑不安的情绪传染给宝宝，要给宝宝足够的安全感。

预防肠绞痛很重要

在预防方面，可以改善喂食技巧。每次喂奶后，要注意从下至上轻拍宝宝背部让其排气，并给予宝宝稳定的情绪环境，这些都能减少肠胶痛发作的频率。如果尝试了各种方法都没有效果的话，可以改喂低过敏的新生儿奶粉，有时也可以得到良好的效果。

此外，在诊断新生儿肠绞痛前，必须先排除胃肠道其他疾病，如胃食道逆流、幽门阻塞、先天性巨结肠症等。如果确定没有任何病理性因素存在，那父母们就要耐心对待自己的小宝宝，帮助宝宝度过3个月的“阵痛期”。

饮食疗法

在婴儿饮食上，建议给宝宝喝母乳。据研究统计，喝母乳的宝宝较不易患肠绞痛，因为宝宝肠道可能会不适应牛奶中的牛奶蛋白，从而导致症状加重。

在喂奶时，要让宝宝先吸一边的乳房，直到宝宝吃饱，自己松口为止，然后再换另一边喂。这样就不会只吃到前奶。因为前奶的乳糖含量较多，当消化乳糖的酵素无法一次处理这么多的乳糖时，就会容易胀气。

另外，母亲的饮食中如果含有可能引起过敏的成分，比如牛奶、巧克力、咖啡及药物等，也会引发宝宝肠绞痛。这种情况下，在母亲停止摄取这些食物后的两周内，宝宝的哭闹应该就会停止了。

白天能安静入睡，入夜则啼哭不安——小儿夜啼

很多新手妈妈反映，不知道为什么宝宝白天睡得好好的，可是一到夜里入睡时，就会变得烦躁不安，哭闹不休。

这种情况使得刚生完宝宝的妈妈叫苦不迭。一方面，由于产后身体还没有完全恢复，比较虚弱，妈妈常常感到心有余而力不足；另一方面，宝宝总是哭不停，怎么哄也哄不好，使得妈妈的情绪变得很烦躁。有些父母就在想，为什么宝宝会这样呢？是不是生病了呢？要不要马上去医院看医生?

实际上，宝宝的这种白天能安静入睡，入夜则啼哭不安的情况，是很常见的。我们一般把这种情况称为小儿夜啼。

经研究证实，如果宝宝经常出现夜啼就会导致其睡眠不足，这样不但会影响宝宝的生长发育，而且他的注意力、记忆力、创造力和运动技巧也都会相对较差。

此外，缺乏夜间睡眠还会扰乱宝宝生长激素的正常分泌，使得免疫系统受损，出现内分泌失调、代谢紊乱、容易发胖等问题。因此，防止宝宝夜啼并非小事。

引起小儿夜啼的原因

宝宝一般不会无缘无故地哭，如果他哭个不停，一定是感到不舒服了。引起夜啼的原因有很多，父母应该细心地查找一下。如果怀疑是疾病所致，就要带宝宝到医院检查一下。只要找到了原因，并及时去解决，宝宝就一定会甜甜美美入睡的。

具体来说，引起小儿夜啼的原因主要有以下几种：

1. 环境不适应

宝宝睡觉的房间太吵、太冷、太热、太干燥，或者衣服、包被过多，都会导致宝宝晚上睡不好觉。因此，父母应该尽量为宝宝提供一个舒适的睡眠环境，让宝宝能安安稳稳地睡觉。

2. 身体上火

由于宝宝的脾胃很娇嫩，胃肠道功能尚未完善，所以容易出现胃肠积食和积热的情况，从而容易引起吐乳、厌食、腹胀、小便短赤等上火症状，这些原因也容易引起宝宝晚上哭闹。

3. 睡眠时间安排不当

有的宝宝早晨很晚才睡醒，到了午后两三点才睡午觉，或者午睡时间过长，以至于晚上很晚入睡，或睡得虽早，但半夜睡醒，没有人陪着玩就会哭闹不止。

4. 睡前情绪兴奋

如果父母常常在睡前逗笑或惊吓宝宝，让其情绪突然兴奋，宝宝就会因此而无法入睡，进而哭闹。

5. 晚上开着灯睡觉

有些妈妈担心宝宝怕黑，又为了方便晚上照顾宝宝，所以就一直开着灯睡觉。但婴幼儿对环境的适应能力远远不如成年人，如果夜间睡眠环境如同白昼，宝宝的生物钟就会被打乱，使得宝宝分不清白天和黑夜，这样不利于宝宝建立良好的作息规律。而且开着灯睡觉还会降低宝宝的免疫力。

6. 疾病影响

一些疾病，如感冒、咽喉炎、细支气管炎、肺炎、中耳炎、肠胃炎、脑膜炎、败血症等，都有可能造成宝宝睡不安稳。还有一些感染会导致发烧，也会使宝宝睡不安稳，这时父母一定要寻求医师的协助。

应对小儿夜啼的方法

1. 给宝宝创造好的睡眠环境

父母要给宝宝创造一个良好的睡眠环境：室温要适宜，氛围要安静，光线要暗些。盖的毯子或被子要轻、软、干燥。睡觉之前要先让宝宝排尿。如果发现宝宝经常脸红，那可能是穿得太多了。

2. 睡前不要让孩子玩得太兴奋

在宝宝入睡之前0.5～1小时，应当让宝宝安静下来，不要过分逗弄宝宝，不要让宝宝看刺激性的电视节目，也不要讲紧张可怕的故事给宝宝听，以防他因兴奋或紧张而难以入睡。

3. 不要把宝宝喂得过饱

中医讲“胃不和则卧不安”，因为摄入过度的食物会造成食物在胃部的“积食”，引起肠胃不适。所以，一般情况下，睡前1个小时就不要让宝宝进食了，而且也不要喂得过饱，否则会使宝宝大脑更兴奋，导致入睡困难或难以进入深度睡眠。并且，人体夜间新陈代谢能力最低，睡前饮食会加重体内代谢负担，引起消化不良，久了还会导致肥胖。

4. 白天不要让宝宝睡得太久

白天睡得时间太长的宝宝大多晚上睡不好，甚至稍不如意就大哭大闹。因此，如果宝宝白天睡得过多，父母可以有意识地弄醒他，或者逗他多玩一会儿，通过调整来克服“黑白颠倒”。

5. 缓解上火症状

中医认为，小儿是“纯阳之体”，体质偏热，容易出现阳盛火旺即上火现象。因此，妈妈要尽量选择母乳喂养。另外，对于牛奶喂养的宝宝来说，妈妈还可以给宝宝服用天然植物调配而成的清火产品，来预防或缓解宝宝的上火症状。注意要挑选值得信赖且口碑良好的清火产品。

6. 缓解小儿夜啼的按摩手法

对于总是夜啼的宝宝，父母若采用按摩的方法，也可以收到一定的效果。

具体按摩手法为：父母用大拇指从宝宝的拇指指尖处沿拇指外侧推向宝宝的掌根处，做50～100次；从无名指指尖沿掌面推向掌根处，做50～100次；沿前臂掌面正中，从腕关节推向肘关节，做20～30次；从腕关节沿前臂大拇指掌侧面向肘关节推30次；掐掐宝宝手掌面与腕的横纹中点；掐掐宝宝手指尖的十宣穴；揉揉宝宝头顶的百会穴20～50次；自下而上为宝宝捏脊3遍。

小链接

帮宝宝养成良好睡眠习惯的注意事项

睡眠对于人来说，就和呼吸、进食一样同等重要。人的一生中有1/3的时间是在睡眠中度过的。如果睡眠被长期剥夺，那么，机体的各项功能都将遭遇毁灭性的打击。

睡眠是脑功能活动的一种重新组合状态，能够保存能量，有助于巩固记忆，保证大脑发挥最佳功能；在睡眠中，人的基础代谢率降低，所需能量降低，有助于消除疲劳、恢复体力；通过睡眠还能修复新陈代谢后的废物对脑细胞的损害；同时，良好的睡眠对于增强机体免疫功能有重要的意义。

对婴幼儿来说，睡眠更具有促进生长发育的特殊意义。睡眠是婴幼儿早期发育中大脑的基本活动之一，也是反映神经系统功能从不成熟到成熟具体演变的敏感指标。越小的婴儿需要的睡眠时间越长。睡眠不好会直接影响婴幼儿体格和智力的发育，使婴幼儿出现行为异常。因此，父母一定要给宝宝养成良好的睡眠习惯。

1. 不要让宝宝含着乳头或奶嘴睡觉

有的宝宝睡觉时非要含着妈妈的乳头或奶嘴才能入睡。首先，这样一来，宝宝每每醒来后就会下意识地吮吸乳头或奶嘴吃奶。这种过分频繁的进食习惯，容易使宝宝的胃肠功能紊乱。其次，宝宝入睡后小嘴依然被乳头“堵”着，也容易呼吸不畅，导致睡眠质量下降，甚至可能引发窒息。此外，这种不良习惯还可能影响宝宝牙床的正常发育以及口腔的清洁卫生。

2. 不要让宝宝在哼唱声中入睡

宝宝在妈妈摇篮曲的哼唱声中入睡自然美好甜蜜，但让宝宝习惯于只有听到哼唱声才能安然入梦不宜提倡。宝宝必须要培养一个良好的睡眠习惯，即以“自然”的方法自行入睡，及醒来之后仍能“自然”地重新入睡，而不是依靠父母诸如摇晃、哼唱或喂食等“人为”的办法，来帮助他安然入梦。

3. 不要经常更换照看人

有的家庭因为大人工作忙，而不得不常常更换照看宝宝入睡的大人，有时是爸爸，有时是妈妈，有时是奶奶，有时又换成保姆……殊不知，对于不足半岁的小婴儿来说，往往会把照看自己入睡的人视作“最亲的人”，因此在心理上很难对频繁的转换迅速做出调整。

4. 不要摇睡

每当宝宝哭闹时，一些年轻妈妈便使出“看家本领”：将孩子抱在怀里或放入摇篮里摇晃个不停，甚至宝宝哭得越凶，妈妈就越使劲摇。殊不知，这种做法对宝宝非常有害。因为过分猛烈的摇晃动作会使婴儿的大脑在颅骨腔内不断受到震动，轻则影响脑部的生长，重则使得尚未发育成熟的大脑与较硬的颅骨相撞，最终造成颅内出血，这对10个月内的宝宝尤为危险。

5. 不要搂着宝宝睡

有些年轻妈妈爱子心切，又为了方便照看，喜欢紧紧搂着宝宝睡觉。但这样一来，被搂着的宝宝便呼吸不到足够的新鲜空气，吸入更多的是妈妈呼出的废气，这对宝宝的生长和健康都很不利。同时，妈妈的疾患，还可能传染给宝宝。此外，搂着宝宝睡还会使其自由活动的空间受到限制，甚至难以伸展四肢，从而使宝宝的血液循环和生长发育都受到负面影响。

6. 不要让宝宝俯睡

一些年轻妈妈喜欢让宝宝俯睡，还误认为这种睡姿可以让宝宝睡得安稳，少了哭闹。但实际上这种睡姿最不安全，因为宝宝的口、鼻等呼吸器官容易受到阻塞，甚至导致猝死。同时这种睡姿还可能使得肠胃等消化器官受体重的压迫而引发消化不良。

7. 宝宝睡觉张嘴呼吸要及时救医

有的妈妈会发现，宝宝睡眠时喜欢张着小嘴呼吸，流出了口水，表现出一副似乎饿了的表情，那样子特别可爱。其实，睡觉时闭口才是保养元气的最好办法。如果用嘴呼吸，不但容易吸进灰尘，还极易使气管、肺等受到冷空气的刺激，影响睡眠质量。

所以，当发现宝宝有张嘴呼吸睡觉的坏习惯时要及时带去医院就诊，检查一下是什么原因，是因为感冒发烧造成鼻堵塞，还是急性、慢性鼻炎，或是扁桃体炎、扁桃体肥大引起的，好对症下药。

陌生人一抱就大哭——宝宝开始认生了

娇娇5个多月了，一直由妈妈照顾。一天，老家的爷爷奶奶来看娇娇。奶奶看到娇娇，伸出双臂把娇娇抱了过去。可是让人没想到的是，娇娇看了看奶奶，就“哇”的一声哭了起来。然后爷爷过来逗娇娇，也想要抱抱她，可娇娇仍然大哭不止。于是，妈妈赶快把娇娇接了过去，这时娇娇立马安静了下来。爷爷奶奶笑着说：“我们娇娇长大了，知道认生了！”

6～8月的宝宝会认生了

几乎每个宝宝都会经历一段认生期，正如德国的著名教育学专家Christiane博士所说：“宝宝的认生期随着他的成长而自然产生，很可能在一夜之间，认生期就会到来。”

对于0～6个月的宝宝来说，看不到的东西就是不存在的，也包括爸爸、妈妈和陌生人。也就是说没有熟悉或陌生的概念，也没有认生反应。虽然有时候宝宝可以通过声音和气味识别妈妈，但是更多的时候只要有人照顾他就行了，至于这个人是谁，小宝宝无所谓，他只是不想一个人待着。

宝宝6～12个月时，开始进入联系期，他开始和某些让他印象深刻的人建立起联系，通常这些人是妈妈和爸爸，或者是在宝宝饿了、困了或害怕的时候，可以求助的人。儿童心理学专家解释说："认生是一个标志，说明宝宝开始建立与某些具体的人的联系。"所以当宝宝意识到妈妈不在房间里时，便会大声喊她，是因为他需要妈妈的陪伴。而且此时的宝宝能够从长相、声音将其他的人从他们的"联系人"中区分出来，所以当有陌生人靠近宝宝时，宝宝们就开始了人生的第一次情感危机："这个人为什么靠近我，我不认识他啊！""他是不是要带我走啊？不，我要跟妈妈在一起！"……当然宝宝们不会这么说，他们只能用"哭"来表示对陌生人的抗拒，这就是我们通常所说的宝宝开始认生了。对于宝宝的这一行为，新手爸妈们不用感到奇怪，这是一种正常表现。

当宝宝过了12个月之后，认生期就会随着宝宝的成长而慢慢消失。开始认生的宝宝将在接下来的几个月里学到如何信任他的"联系人"，因为他们总是能回到他的身边。渐渐地，宝宝的经验帮助他形成这样的感觉：在他需要的时候，妈妈真的会马上出现，所以他也就不那么害怕陌生的事物了，认生的反应也就会慢慢地消失。

帮助宝宝温柔度过认生期

认生是宝宝情感发展的一个重要里程碑，也是宝宝成长路程中的一个重大进步。认生的发生意味着宝宝开始区分周围的事物。

可是，有些父母为了不让宝宝害怕，就避免让宝宝接触陌生人，或者见到有些人时，只是远远地打个招呼，然后就抱着宝宝赶快走开了。其实，这样做并不好。因为这样对宝宝来说，就会失去一些与人打交道的机会，减少了一些有意刺激，宝宝的生活圈子也就变得狭小起来，从而阻碍了其智力与社交能力的发展。相关研究和事实都证明，在先天条件相同的情况下，生活在丰富多彩环境中的宝宝，会比生活在单调乏味的环境中的宝宝聪明些。

而有些父母为了锻炼宝宝，让其不认生，则强行把宝宝放到陌生的环境中，结果导致宝宝的抗拒心理越来越严重，甚至会造成真正的心理问题。

因此，父母应该认真对待并且谨慎处理宝宝认生这个问题，要帮助他温柔地度过认生期！

1. 毫无条件地接受宝宝的认生

父母要认识到，认生是宝宝成长的必经阶段，千万不要因此而责怪宝宝，或对宝宝发脾气，否则宝宝会认为妈妈生气是因为陌生人，更加不容易对陌生人有好感。

2. 带宝宝和陌生人接触

平时，妈妈不要总是一个人抱宝宝，而应该让其他家庭成员也多抱抱宝宝，让他们多和宝宝玩，这样可以让宝宝有与不同的人快乐交往的经验。然后再带宝宝慢慢去熟悉其他不熟悉的人，比如爸爸妈妈的朋友、邻居等。不过，一旦宝宝不喜欢的话，就要立刻安抚宝宝的情绪，轻轻地抚摸他、拥抱他，直到他平静下来。

3. 迎合宝宝的心理

可以提醒陌生人，在抱宝宝之前先逗逗宝宝，让宝宝熟悉他们后再抱。比如可以拿着宝宝喜欢的东西去接近宝宝，跟宝宝玩，宝宝会因为对物品的好感，爱屋及乌，慢慢地接受对方。

另外，宝宝虽然认生，但一般对和妈妈年龄相仿的阿姨却很感兴趣。因此，当妈妈带宝宝出门时，可以抱着宝宝跟阿姨打招呼，并和她们一起聊天，这样宝宝就会慢慢熟悉她们了。

4. 平常多带宝宝出去走走

在宝宝还不会认生时，父母要有意识地带宝宝出去走走，毕竟在公共场合能见到更多的人，让宝宝尽早接触到各种环境，让宝宝感受不同人的声音与面孔。

当宝宝认生后，也要带宝宝多去他熟悉的公共场合走走，那样会有效地减轻宝宝见到陌生人的焦虑。父母还可以常带宝宝去亲朋好友家串门，或邀请他们来自己家做客。

另外，当带宝宝去参加集体活动时，父母要注意的是，在到活动现场之前，要针对可能出现的情况，提前采取应对措施。比如，事先带他到现场熟悉环境。集体活动中要避免众多陌生的面孔同时出现，或众多的陌生人七嘴八舌地与他打招呼或争抢着抱他、逗他。这些会使他缺少安全感，增加害怕或认生的程度。

5. 两三岁的孩子认生，不要当着他的面说他的这一缺点

若孩子到了两三岁时仍然认生，父母不要当着孩子的面指出他认生的缺点，以避免强化他的这一缺点而增加孩子的心理压力。父母可以先让孩子与陌生的孩子交往，比如，常带孩子到儿童游乐场与众多陌生的孩子一起排队荡秋千、玩滑梯、做游戏等。还可以主动为孩子寻找不认生的孩子做伙伴，伙伴的榜样作用往往超过成人的指导。当孩子能够自然地回答陌生人的问话或能有礼貌地称呼陌生人时，一定要及时给予奖励或称赞。

区分和警惕自闭症

如果宝宝除了特别认生之外，还同时伴有不愿意跟妈妈交流、对视，喜欢自己一个人玩玩具，害怕身体接触这几项特征，那可能就要注意观察宝宝是否有自闭症的倾向了。

如果宝宝只是有以上特征的某一项，可能只是性格使然，因此不用太担心。只要多鼓励宝宝与人交往，多给宝宝创造与人交往的环境就可以了，相信假以时日，宝宝就会变得胆大、开朗起来。

一旦和妈妈分开就号啕大哭——分离焦虑

妞妞出生3个月，妈妈就去工作了，把她交给奶奶带。妞妞很懂事，从不耍脾气，更不哭着喊着找妈妈，总是一副很乖巧的样子。一家人甭提多开心了！

最近，妞妞变了，一见到妈妈，就往妈妈身上爬，双手搂着妈妈的脖子，小脸往妈妈脸上贴，生怕妈妈把她放下来，害得妈妈什么家务都做不了。最折磨人的是每天早晨上班前，都得奶奶使劲儿把她从妈妈怀里抢过来，妈妈才走得了！

有一次，妞妞撕心裂肺地哭得跟小泪人似的！妈妈的眼里涌满了泪水，使劲把女儿搂在怀里，娘俩一起哭了起来。一家人都看不下去了，个个抹眼泪，觉得亏待了这么小的孩子！

妞妞惧怕分离的这种情况叫作分离焦虑。宝宝从1岁左右起，和妈妈分离时，会出现分离焦虑。之所以产生分离焦虑，是因为宝宝在逐渐长大，清楚地意识到自我的存在。因为此时的宝宝还停留在“母婴共生”阶段，觉得自己和妈妈是一体的，分开了就见不到妈妈了，会很没有安全感，所以会撕心裂肺地哭闹。

宝宝出现分离焦虑很正常

宝宝出现分离焦虑一般是在1岁之前，但在1～3岁这段时间达到顶峰。大约8个月大时，宝宝会意识到他和别人是相互独立的。问他“妈妈在哪里”“爸爸在哪里”，他会用手指出来！从生长发育上来讲，这是认知过程里一个令人兴奋的里程碑，但是，对宝宝自身来说，这种新认识会使他感到焦虑。

我们常常见到，妈妈在的时候，宝宝可以让别人抱，而且在别人怀里会玩得很好，可是妈妈一离开，宝宝就有反应了，双手连同身体都会指向妈妈的方向。这是因为，宝宝知道你会离开他，但还不明白你迟早会回来，担心你抛弃了他，所以大哭大喊。

我曾经见到这样一个场面，一家人各自忙各自的事情，8个月大的宝宝也坐在小车里玩得不亦乐乎。晚饭时间到了，家人去餐厅吃饭，忘记了带上宝宝。宝宝不吃亏，坐在小车里大声尖叫！妈妈跑过来，把宝宝推出去，让宝宝面向餐桌坐着，宝宝看着大家吃饭，又开心了。

有了自我意识的宝宝，非常害怕被丢弃，他们需要时刻感觉到父母爱他，跟他在一起，这样，他才会感到安全，才会快乐地玩耍。否则，就会哭闹，争取父母的爱。

帮宝宝顺利度过分离焦虑期

虽然宝宝的分离焦虑是一种成长现象，但是，情绪波动太大，对宝宝的成长不利，也影响大人的心情。如果妈妈智慧一点，狠心一点，就能减少或者缓解宝宝的分离焦虑，帮宝宝顺利度过分离焦虑期。

1. 做好分离缓冲

强强是一个1岁半的男孩，妈妈每次出门，都会跟他先商量一会儿：“妈妈出去办一件很重要的事情，你跟奶奶玩几个小时，妈妈就回来了！”“妈妈去上班，去挣钱，宝宝不让妈妈去，妈妈就没有钱了，就不能买宝宝吃的奶粉、玩的玩具！”“待会，奶奶会带着宝宝去楼下花园里捉小虫虫，那种会叫的小虫虫，宝宝最喜欢了！”

妈妈这样说着的时候，奶奶就会看准时机，把强强接过去，带走。奶奶会把强强带到哪里呢？有的时候，奶奶会带他去他喜欢的地方玩；有的时候奶奶会抱着他，拍着他的背说：“宝宝想妈妈了，奶奶知道！妈妈很爱宝宝，下班后会立刻回来的！”这样，强强逐渐就明白了，和妈妈的分别只是暂时情况，妈妈会按时回到他身边的。

这位妈妈对宝宝说出了离开的时间、理由，宝宝心里有谱，就不觉得分离时间很长。妈妈告诉宝宝，妈妈离开后，宝宝会由奶奶照顾，奶奶也很爱他，照顾他的方式也是宝宝喜欢的，宝宝就更容易接受了。而且，奶奶配合得也很好，宝宝就更加相信妈妈了。有了这个过程来缓冲宝宝的情感波动，就减轻了宝宝的心理震荡。

妈妈和宝宝分离的时候，千万不要流露出留恋、依依不舍的神态，更不要连连回头看宝宝。否则，宝宝觉察到妈妈的内心需求，体会到妈妈对自己的依恋，仿佛受到了“鼓励”一样，更容易闹情绪。

2. 继续巩固宝宝内心的安全感

我们经常看到，妈妈离开时，有的宝宝只是稍微闹一会儿，妈妈一解释就好了。妈妈走后，他也能很好地玩耍。平时，他也不是经常黏在妈妈身上，能够跟妈妈以外的人玩耍。妈妈不在的时候，他也不哭着喊着找妈妈。

这样的宝宝，一般安全感建立得都比较好。发展心理学认为，0～2岁的宝宝，需要有规律的满足和舒适的照料，能做到这一点，宝宝就会对周围世界产生信任感，否则，就会对周围世界产生怀疑，形成消极品质。因此，这个阶段的发展任务是更好地建立、巩固宝宝的安全感。

为了让宝宝能以积极的心态面对环境，在他出生后，父母要给予完美的照顾，除了及时满足宝宝的生理需要，还要多和宝宝玩耍、做游戏，多鼓励、夸奖宝宝。这样宝宝就会比较乐观，信任妈妈，信任周围的人，对幸福也比较有把握，有足够的心理承受力去面对分离。

跌倒后，越哄哭得越厉害——紧张害怕性啼哭

阳阳1岁半了，胖嘟嘟的小脸上长着一双乌溜溜的大眼睛，别提有多可爱了。阳阳的父母都要上班，所以阳阳一直都是由爷爷奶奶带着。

一天，奶奶带阳阳到小区里玩耍。阳阳跑着跑着，不小心摔倒了。奶奶急忙把阳阳抱了起来，并心疼地说："哎呀！我的心肝宝贝，摔疼了吧！来，快让奶奶看看摔坏了没有？"原本没有哭的阳阳在获得奶奶的安慰后，反而"哇"的一声大哭起来。奶奶一边抱着阳阳安慰，一边狠狠地跺脚说："叫你摔阳阳，踢你，踢你！"

相信很多父母都非常熟悉这样的场景。现在的孩子都在蜜罐里长大，父母生怕孩子受一点委屈，摔一下就紧张得不行。其实，父母的这种做法是不可取的。

大多数发展心理学家都认为，孩子学会走路就好比经历了第二次分娩。对于孩子来说，他们行走不是为了行走，而是受好奇心的驱使，才挣脱父母的束缚，跌跌撞撞地、试探着开始向前行走，甚至走还走不好，就开始要跑了。所以说，这也是孩子自我意识开始萌芽，乐于独立探索世界

的开始。

然而，由于孩子行走方面的技能还不熟练，或者不小心，难免会有跌倒、摔跤的时候。其实，对于孩子来说，跌倒了并不真的感到害怕，甚至还会觉得很好玩儿。并且，有关心理学资料表明，孩子跌倒后并非我们想象中那样疼。同样的疼痛感，孩子感受到的要比成人轻得多。孩子越小，对痛刺激的敏感度越低。所以他可以在很短的时间里把摔倒带来的惊吓和疼痛转移到玩耍上去。

可是，由于父母总是担心孩子摔疼了、摔坏了，就马上跑过去搀扶，并心疼地一边安慰他，还一边咒骂那块地。当父母流露出惊慌失措的情绪后，本来没有哭的孩子就会受到父母的感染，从而产生了恐惧、紧张、委屈的心理，于是开始哇哇大哭起来。结果，父母越哄，孩子哭得越厉害。

另外，孩子一摔倒，父母就去扶，就去哄，还容易让孩子产生很强的依赖思想，认为反正成人会来扶我、哄我，干吗要自己起来啊？这样就会导致孩子缺少独立性。

因此，为了孩子的心理能够健康成长，当孩子摔倒时，父母应该注意以下几点：

1. 鼓励孩子自己站起来

当孩子摔倒时，孩子没有哭，父母就不要急于走过去，而是观察情况。如果孩子很快站起来，说明孩子并无大碍；如果孩子不站起来但也不哭，父母可以装作若无其事的样子，鼓励孩子自己站起来。这样一来，他就不会因为恐惧而大哭起来，而且以后再遇到此类情况时，他就会选择自己慢慢地爬起来。从而培养他坚强的意志品质。

2. 适当地让孩子哭一会儿

孩子因摔疼而哭了，父母也不要心慌。应及时看看孩子有没有受伤，然后根据具体情况，采取不同措施。如果孩子伤得很严重，应及时送孩子去医院；如果伤得不严重，可以让孩子趴在我们的怀里哭，轻拍或抚摩他。要知道父母的怀抱是孩子永远的港湾，能使孩子的心灵很快获得抚慰。

有些父母不许孩子哭，打击他，压抑他，这样很容易给孩子幼小的心灵留下阴影，严重的还会造成孩子人格扭曲，会使孩子变成一个懦弱、胆小的人。所以孩子因疼痛而哭泣时，父母要接受他们天性的流露，不要进行嘲笑、批评。要知道适当的哭泣，可以释放孩子心中的压力和不快。

3. 教孩子学会总结经验

在失败面前，总结经验是不可少的。没有经验的总结，孩子还会在同一个地方跌倒。所以，我们要引导孩子去学会寻找保护自己的方法。假如孩子是因为碰到椅子而摔倒的，父母就要告诉他绕过椅子就不会再摔倒了。这样，孩子就会不断地调整自己的走路姿势和方法，做到尽力不摔倒。如果孩子没有再次摔倒，就要及时地给予赞美。这样不但能培养其自信、勇敢的性格，还能让他养成自己克服困难的习惯。

小链接

怎样判断孩子是否摔伤了?

大多数的孩子都有因登梯爬高而摔伤的经历。孩子摔倒后，很多父母焦急地抱着孩子摸摸这，摸摸那，担心摔坏了脑子。其实，父母只要掌握一些医学知识，就不必惊慌了。

从解剖学上来讲，头颅骨是较坚硬的，它对大脑组织具有很好的保护作用，尤其是5岁以前的孩子，由于头颅骨的骨缝还没有完全闭合，当外界对头部产生撞击时，头颅骨具有一定的缓冲作用，从而减轻对大脑组织的伤害。那么，孩子突然跌伤，父母要从哪几个方面注意观察呢?

第一，要观察在摔伤后几分钟或几小时内是否出现昏迷，发生意识障碍，如烦躁不安、尖声惊叫、阵阵哭闹等。如果出现昏迷，应注意观察昏迷时间的长短、深度，这可反映出脑损伤的程度。

第二，要观察瞳孔，因为瞳孔的大小和对光反应的变化可反映出大脑的损害程度。比如，如果两侧瞳孔有对称性缩小，光反应还存在，往往说明可能有脑蛛网膜下腔出血；如果一侧瞳孔缩小，则应注意颅底损伤的可能；如果一侧瞳孔散大，对光反应消失，说明有脑疝的可能；如果两侧瞳孔大小变化无常，光反应消失，提示有脑干损伤的可能；如果发现两侧瞳孔都散大，且对光反应均消失，说明病情已很严重了，要马上送医院。

第三，要观察有无头痛、恶心、呕吐，以及呼吸是否规则、体温是否升高、血压是否正常。

第四，要观察四肢活动是否出现异常，如四肢强直或抽搐、肌肉震颤等。

第五，要观察步态是否稳定，有无异常，如不能独立行走、行走跌跤、肢体瘫痪等。

第六，要观察鼻腔、耳道是否有血流出。如果有血流出，不可堵塞鼻腔和耳道，不得用力擤鼻和咳嗽，因为这时硬脑膜可能破裂，颅腔与外界相通，使得脑脊液混同血液一起流入耳道和鼻腔。若是堵塞鼻腔、耳道，流出时被污染的脑脊液就会反流颅内，造成颅内感染。

总之，头部是脑之所在地，脑是人体神经系统的中枢部分，下连脊髓，主宰着人的感觉、运动和思维活动。因此，年轻的父母们对于孩子突然发生的意外，不能忽视，要注意观察孩子的病情变化，以便对每种情况采取适当的措施，为早期的诊治创造有利的条件。

Part 2

读懂宝宝的肢体语言，才能更好地了解他的内心世界

宝宝在婴幼儿时期，由于语言表达能力不强，所以他们就会运用肢体动作来向成人传递内心的想法。理解是爱的第一步。因为不理解宝宝的身体动作所表示的含义，许多父母正在伤害着自己的孩子，也可能就因为那一时的疏忽，而影响了孩子的一生。因此，父母一定要仔细观察宝宝的肢体动作，并给予正确的回应，这样，宝宝才能更加健康快乐地成长。

宝宝的心事用“脸”说

人们都知道，面部表情是我们人类内心想法的忠实呈现。它从人类本能出发，不受思想的控制，无法掩饰，也不能伪装。面部表情是了解一个人内心真实想法的最准确线索。

其实，很多宝宝也会通过面部表情来向爸爸妈妈展示他们的内心世界，特别是还不会说话的宝宝。他们虽然年龄小，但需求颇多。可是由于他们无法用言语表达，所以只能通过表情来表现。父母只要能明白宝宝这些微表情的含义，就能了解宝宝的需求，给宝宝细心周到的呵护。

懒洋洋——吃饱了

父母最怕宝宝饿着，但是喂食过量也并不是好事。那么，怎样判断宝宝是否已经吃饱了呢？其实很简单。当宝宝把奶头或奶瓶推开，将头转向一边，而且显出一副四肢松弛的懒洋洋模样，多数表明已经吃饱了。

爱理不理——想睡觉了

宝宝玩着玩着，目光突然变得发散，不像刚才那样灵活而有神了，对于外界的反应也不再专注，还时不时地打哈欠，将头转到一边，不太理睬周围的人，这就表明他困了。这时，父母就不要再逗他玩耍了，而应该给他创造一个安静舒适的睡眠环境，让他美美地睡上一觉。

瘪起小嘴——请求满足要求

宝宝瘪起小嘴，好像受了委屈似的，这很可能是要开哭的先兆，也是对成人有所要求的信号。这时，父母要细心观察，了解宝宝的要求，适时地去满足他的需要，如喂他吃奶、给其换尿布、逗他开心等。

需要注意的是，我们这里所说的满足宝宝的要求，仅限于满足宝宝的合理要求，而并非一味地满足宝宝的要求。比如，当宝宝想要一件很危险的东西时，即使我们了解他的意思，也不能满足他。

这时，我们应该指着那个东西对他说："这个东西很危险，他会弄伤你的手，所以不能玩。"如果这样说完后，宝宝仍然哭着要，那你就应该转移他的注意力，可以拿另一个玩具给他玩，或者给他换一个环境。总之，就是尽量把他逗开心。

皱眉头、大哭——心烦

如果宝宝皱着眉头或者大哭，还时不时地看看旁边发出声音的物体，说明他被噪音干扰了。这时，爸爸妈妈应该先降低噪音，然后再用缓慢、柔和的语调和他说话，从而让宝宝的情绪缓和下来。

噘嘴、咧嘴——想要嘘嘘

在每次小便之前，男宝宝通常会出现噘嘴的表情，女宝宝则多现咧嘴或上唇紧含下唇的表情。当宝宝出现这种表情的时候，为了保险起见，最好是检查他的尿片是不是应该换了。

小脸通红——大便的前兆

半岁多的宝宝，已经有了一定的意识和认知，在想要拉便便时，会发出各种信号来提醒妈妈。如果看到宝宝先是眉筋突暴，然后小脸发红，而且目光呆滞，有的还会发出“嗯嗯”的声音，说明宝宝要大便啦，这时就得赶紧带他去便便，否则宝宝就会难受得大哭。当发现宝宝要拉便便的信号后，还可以借此机会对宝宝进行如厕训练，比如让宝宝坐小便盆。时间长了，当宝宝会爬、会走时，想要拉便便时就会去找小便盆了。

吮吸——肚子饿了

喂食完宝宝一段时间以后，如果宝宝的小脸再次转向妈妈，小手抓住妈妈不放，当你用手指一碰他的面颊或嘴角，他便马上把头转向你，张开小嘴做出慌慌张张寻找食物的样子，同时嘴里还做着吸吮的动作，这就说明宝宝又饿了。这时你就赶快给宝宝喂吃的吧！

喊叫——烦恼

不到1岁大的宝宝，在嘈杂的环境中很容易受到干扰，但苦于口不能言，只好用大哭大闹来表达自己的烦恼。这时，父母可以带宝宝去安静的地方散步，或者给点好吃、好玩的东西让宝宝安静下来。同时，父母也要做个好榜样，无论有多生气，都不在家里表现出来，要不宝宝也会模仿的。

总之，宝宝们虽然不会说话，但他们可以用自己的面部表情来表达一切，是不是很厉害呢？所以，父母们一定要注意观察，那样才能更好地照料宝宝。

解读藏在宝宝微笑中的秘密

相信每一位妈妈看到宝宝脸上那天使般的灿烂笑容时，都会觉得心都被融化了，也会笑得合不拢嘴。

在宝宝出生后的第一年里，宝宝的笑容不但是向妈妈表达快乐的心情，同时也是他成长中的一个里程碑。因为在这一年里，宝宝的笑容会有很多变化，每一种变化都代表着他的发育又开始了一段新的旅程。

宝宝为什么会笑

笑是人类的一种情绪反应，它与生理需要的满足密切相关。婴儿有两种最基本的情绪反应：当生理需要得到满足时出现的愉快情绪，一般表现为笑；当生理需要得不到满足时出现的不愉快情绪，一般表现为哭。婴儿的微笑意味着他的生理需求得到了很好的满足，而且周围的环境也是舒适的，他感受到了安全和温暖，这一切都让他觉得非常愉快。

笑不仅仅是一种情绪反应，还是一种重要的交流方式。人类是唯一会笑的灵长类动物，笑是人类最原始的交流方式。笑在人类的生活中扮演着很重要的角色，尤其是对于刚刚出生，还没有掌握生存技巧的婴儿来说，笑就显得更为重要了。刚出生的婴儿需要在父母的帮助下才能生存，这就需要他们在无法用语言表达自己的需求前，与父母建立起一种交流形式——笑。事实上，婴儿天生会用笑来与看护者“互动”，他们会依靠肢体动作和面部表情来表达自己的需求。不仅如此，即使婴儿长大后，语言能力发展了，笑仍然会是一种非常有效的交流方式。这就表明，笑不仅仅是生命早期替代语言的一种交流方式，同时也是人们在传递情绪，表达情感时终身受用的有效方式。

笑对宝宝的成长有好处

笑是一种积极健康的情绪表现，它对宝宝的成长有着重要的促进作用。

从生理健康层面来说，笑是一种锻炼身体的好方法，它对促进全身各系统、各器官的均衡发展有很大好处。婴儿笑的时候，面部表情肌就会运动，胸肌、腹肌会参与共振，这对心脏、肝脏、肺脏、胃肠等诸多器官都能起到锻炼与按摩的作用。有调查表明，婴儿大笑时，其呼吸换气值可达到静止状态的3~4倍，所以爱笑的宝宝大多身体都比较强健。

从心理健康层面来说，爱笑的宝宝长大后大多性格开朗，有乐观稳定的情绪，这将有利于人际交往能力的发展，使其更乐于探索，并学习到更多的知识，有利于智力的发展。

婴儿早期的笑不但与其智力发展有关，而且也和婴儿的性格发展有很大关系。美国特拉华大学的科学家认为，出生后最初几天乃至几个月内很少出现笑容的婴儿，长大后很可能性格孤僻、羞怯。

笑不仅对宝宝自身的发展大有益处，而且还能给身边的人带来积极健康的影响。儿科研究人员发现，宝宝的微笑能够刺激母亲大脑的多巴胺分泌，让母亲体验到幸福感。但在有些母亲身上，自然的多巴胺分泌功能可能存在问题，这或许有助于解释为何有些母亲和宝宝不亲密，就难以感受到宝宝微笑所带来的幸福的原因。

宝宝笑，妈妈也要笑

宝宝的笑大致会经历以下三个发展阶段：

阶段一：自发性微笑

细心的妈妈可能会发现，宝宝在刚出生后，特别是在睡着的时候会笑。这就是自发性微笑，也被称为“天使之笑”。这种自发性的笑发生在宝宝出生后的0～5周。这种早期的微笑通常可以在没有任何外部刺激的情况下发生，大多发生在婴儿睡眠中和困倦时，是突然出现的，低强度的。

新生儿会对自己所感受到的事物表达出自己的喜恶。当宝宝的生理需求得到满足时，当宝宝的精神状态良好时，或者当他们对所处的环境的舒适度感到满意时，尽管此时没有明显的外界刺激，他们也会自然地出现面部表情变化，这种笑被称为“无人自笑”。这个时期的微笑其实是反射性的。而且，有意思的是，这个阶段的微笑存在性别差异，女婴自发微笑的次数比男婴多。

阶段二：无选择的社会性微笑

5～6周的宝宝，能够区分社会性和非社会性刺激，对人声和人脸开始有偏好选择，此时宝宝明显对社会刺激笑得更多，即出现了最初的社会性微笑。社会性的笑是由于外部刺激而产生的，这其中包含了宝宝对外部世界感受的表达与对周围人的情绪回应，是具有社会意义的笑。比如，当你用手轻触他的小脸蛋，或者抱着他哼唱摇篮曲时，他会给你一个灿烂的笑容作为回报。当宝宝看到熟悉的面孔或新奇的事物时，嘴里就会发出呵呵的笑声，并且伴随手舞足蹈。尤其使人感到惊奇的是，即使是先天性失明的宝宝到了这个阶段，也能学会微笑，这是因为他们可以通过其熟悉的人的声音或触觉来感知笑这个动作，以及由这个动作带来的声音和空气振动。

这时，爸爸妈妈应该仔细观察，多给宝宝创造让其高兴的机会。

阶段三：有选择的社会性微笑

这种微笑一般发生在宝宝3.5~4个月之后，随着宝宝分析刺激内容能力的增强，宝宝开始对不同的人有不同的微笑了，这才是真正意义上的社会性微笑。见到家人或者熟悉的人，宝宝经常会微笑或大笑，但见到陌生人时，宝宝往往就会警惕和防备，甚至引发退缩反应。

研究表明，宝宝与他人交往的第一步即是对外界刺激报以微笑，这不仅是宝宝精神发育方面的一次飞跃，同时也对宝宝的大脑发育有积极价值，有助于促进宝宝的智力发育。这种微笑和宝宝睡觉时面部肌肉收缩而呈现的“笑脸”不同，这是一种人际交流，是对成人逗笑的回应。一项观察婴儿从第3周至6个月期间生活的研究表明，婴儿能用微笑回应妈妈的情绪行为，婴儿的微笑与妈妈的情绪行为密切相关。

因此，爸爸妈妈应该多陪宝宝玩耍，用愉悦的语言、表情等来促使宝宝多笑、早笑。

当宝宝长到6~9个月时，一般不会再因为认出某个熟悉的人或东西而笑了，因为这对他来说已经习以为常了。此时他会转头朝向你，并且捕捉你的眼神，先向你微笑了，他渴望与你分享他的喜悦心情。如果他成功做了某件事，他会很短暂地对自己笑一下，然后把笑脸转向你，似乎在说：“看，我做到了，我很高兴，你高兴吗？”此时的你一定要给宝宝一个积极的回应，这将有助于帮他树立信心并做得更好。

当宝宝快1岁时，他的智力发育得更加成熟，开始懂得表达自己的需要。此时，笑容也是他用来表示需求的手段。如果他需要什么，他不但会用小手去指或做个手势，他还知道如何运用表情来配合。慢慢地，宝宝越长越大，笑容也代表了不同的含义。妈妈也就更需要了解宝宝笑容背后的含义了。

需要注意，宝宝的笑脸也是了解其营养均衡状态的“晴雨表”。从宝宝的发育进程来看，一般宝宝在出生后2~3个月时就可以在父母的逗引下露出微笑。可是有些宝宝却不会笑，小脸严肃，表情呆板，这时父母就要小心了，因为这多半是体内缺铁所造成的。如果遇到这种情况，你最好带宝宝去医院做一个微量元素检查。

眼睛是表达最多意义的器官

俗话说“眼睛是人类心灵的窗户”，对于小孩子来说也同样如此。研究表明，眼睛是婴幼儿最能表达多种意义的器官。德国著名心理学家梅赛因曾说：“眼睛是了解一个孩子的最好的工具。”特别是幼儿时期的孩子，他们的喜怒哀乐通常都会显示在脸上。

因此，父母们要想了解宝宝的内心世界，还要学会仔细观察宝宝的眼睛，从宝宝的眼睛中去知晓他们想要对我们说的话。

宝宝的内心世界都写在眼睛里

当宝宝双眼凝视，紧紧地盯着某样东西时，说明他对这个东西感到很好奇。可是，如果你对宝宝的这个举动所表达的含义不了解，强行把他抱走，那么他肯定会哇哇大哭，以示反抗。正确的做法是，父母应该顺着宝宝的视线，找到他所注视的事物也探个究竟，然后根据实际情况，给予讲解，为宝宝解惑，或者尽量满足宝宝的需求，这样不但能够开发宝宝的探索欲，还能够培养他的专注力。

当宝宝的目光充满了喜悦，表明宝宝正在享受着无限乐趣；当宝宝盯着一个人或者一个事物不停地眨眼睛，这说明宝宝对这个人有好感，对这个事物感兴趣；当宝宝瞟一眼某个事物后目光很快就离开了，则说明他对那个事物并不感兴趣；当宝宝的眼神无光，说明宝宝感觉很累，需要休息了。总之，只要父母用心观察宝宝的眼睛，就不难读懂宝宝的内心世界。

眼睛也是“疾病”的“窗户”

不过，父母需要注意的是，通过宝宝的眼睛不但能了解宝宝的内心世界，还能洞察宝宝的健康状况。

一般来说，健康的宝宝眼神总是明亮有神的。如果发现你的孩子最近眼神黯然呆滞、无光少神，那很可能是身体不适的征兆，也许他已经患上了疾病。这时最好带宝宝去看医生，千万不要迟疑！

我们还可以通过宝宝眼睛其他的一些动作来洞察宝宝的健康状况。

（1）当宝宝频繁眨眼时，父母应该看看是不是有异物入眼了。另外，沙眼、轻微角膜炎、眼睑结石也都会产生这种现象。

（2）当宝宝眼睛怕光，喜欢躲在阴暗处，不愿意睁开眼睛时，这可能是红眼病、水痘等疾病的初期，父母要加以重视。

（3）有的时候，宝宝的眼睛会自然流出泪水来，时多时少。这并不是宝宝哭了，而是由上呼吸道感染性疾病所致。像流行性感冒、风疹等疾病的并发炎症都会阻塞泪管而出现流泪现象。并且，鼻炎、鼻窦炎也可导致出现泪流不止的现象。

（4）当宝宝的眼球及眼皮发红，并伴有黄白色分泌物时，这种情况最常见于流行性感冒和麻疹初期。红眼病、风疹、猩红热等疾病在发病的过程中，也会有不同程度的红眼现象。

宝宝吐泡泡，在传达什么呢

有一位年轻的妈妈，她的孩子刚出生1个多月。一天，她发现一向健康的宝宝嘴里正吐着泡泡，像小鱼似的。宝宝的这一行为把她吓了一跳，以为宝宝生了什么病，于是赶快带宝宝去看医生。医生经过检查，说宝宝并没有生病，那只是一种正常的生理现象。

很多年轻的妈妈都遇到过这样的问题，由于缺少育儿经验，就以为是宝宝口腔生病了，急得像热锅上的蚂蚁团团转。那么，宝宝吐泡泡到底是怎么回事呢？作为父母，应该如何对待宝宝吐泡泡这件事呢？

其实，宝宝吐泡泡这一动作并不完全表示宝宝生病了，它在不同的情况下向妈妈传达着不同的信息。

宝宝吐泡泡是一种正常的生理现象

由于较小的宝宝口腔浅，不能调节口内过多的液体，所以会发生吐泡泡的现象，这也是宝宝流口水的先兆。如果宝宝在吐泡泡时，精神状态很好，不但吃奶吃得香，玩得也很开心，那么父母就不用担心，这是宝宝的一种正常的生理现象。他是在用自己特有的方式告诉妈妈需要给他准备添加辅食了。

另外，如果宝宝一边吐泡泡，一边玩弄舌头，这说明宝宝已经懂得自娱自乐了，这时你就不要去打扰他了，只要在旁边静静地看着他就行了。

口吐白泡沫——小婴儿肺炎的征象

肺炎是百天内宝宝很常见的疾病。往往是由于和患有感冒的成人或孩子接触而感染的。由于新生儿抵抗力弱，细菌或病毒易向下呼吸道蔓延而引起肺炎。它是导致小宝宝死亡的重要疾病之一。

该年龄组患肺炎的主要症状是吃奶减少或拒奶，口吐白沫，精神萎靡，出气不赢，发烧可有可无，咳嗽轻。这是小婴儿免疫功能不成熟，抗病力低下，咳嗽反射差所造成的，而且，不少患儿（尤其是早产儿）患肺炎时可能不出现咳嗽症状。由于婴儿患肺炎时可能不伴随发烧、咳嗽，就容易被误诊而耽误病情。所以当看到宝宝口吐白泡沫，不吃、不哭时就一定要注意了，这很可能是婴儿患肺炎的信号。此时，一定要马上带宝宝去就医。

总之，当宝宝出现一些我们不知道的行为举止时，千万不要武断地判定他是生病了，而应该根据具体情况来做出判定。

手部小动作也能体现“大心事”

宝宝的小手是那么的稚嫩、可爱，爸爸妈妈们看见肉嘟嘟的小手，总爱去摸摸，或是握住宝宝的小手，这感觉就像是跟宝宝在做心灵上的沟通。虽然宝宝太小还不会用言语表达，但父母们也要心细一点了，因为小宝宝们都会用自己的小手来表达他们的意图！

小拳头握得紧紧的——紧张害怕的表现

如果你仔细观察，就会发现，每个宝宝生下来，小拳头都是握得紧紧的。这是为什么呢？从发育的角度来说，宝宝的神经系统还没有发育成熟，高级中枢的调控还没有完全形成，所以表现为曲肌紧张，因此会出现握拳、弯腿、蜷身等动作。

当看到宝宝的小拳头紧握时，父母也不必担心。不过，需要注意的是，你要及时打开宝宝紧握的小拳头。因为及早打开小拳头，就是在帮助宝宝开启智慧之门。为什么这么说呢？因为宝宝的手和大脑发育关系密切。手的动作能促进神经系统的发育，而且对诱导婴儿的心理发展具有更重要意义。当手指分开后，就可以随心所欲地摆弄各种物品，使婴儿能够主动地学习和从事各种活动，从而使知觉和思维能力得到发育。

蒙台梭利曾经说过：“人类的手是如此的细致与复杂，不只能使心智显现出来，也能使整个生命与环境进入新的关系。我们甚至可以说，人类是借助手而拥有了环境。双手在智慧的引导下，改变了环境，进而使人完成世上的使命。”因此，妈妈要及早打开宝宝紧握的小拳头。那么，应该怎样做呢？

（1）打开他的小拳头，让手指头伸展开来。

（2）洗澡的时候别忘洗宝宝的小手。把手指尖轻轻伸进宝宝的手掌里，在小手心里轻轻地来回转动，一边清洗一边按摩；同时和宝宝说说话：“洗洗小手，摸摸小手，亲亲小手，好香啊！”这个月龄的宝宝最喜欢看妈妈的脸，听妈妈的声音，宝宝会感觉安全和放松。

（3）喂奶的时候把宝宝搂在怀里，把手指伸进他的手心里，大手握小手，轻轻地摸一摸，缓缓地摇一摇；轻轻抚摸、张开宝宝的拳头，让小手掌触摸妈妈的脸；不停地和宝宝说说话，这样宝宝就能感到满足又舒服。

要注意的是，当宝宝睡觉时，也会握着松松的拳头。这时，父母不要打扰宝宝。不过，宝宝有时生病了也会握紧拳头，这时父母就要重视了。

张开小手——邀请妈妈和他一起玩

当宝宝睡醒后，张开小手，并且手指还向前伸展，这表明他是在邀请身边的父母和自己一起玩耍。可是很多父母并不了解宝宝的这个想法，使宝宝因情感需求得不到满足而哭闹，弄得父母摸不着头脑。

很多父母照顾宝宝，只知道要照顾他的吃喝拉撒，根本不知道还要陪他玩。其实，人是需要感情滋润的动物，宝宝也一样。事实上，宝宝在很小的时候就已经有情感需求了，由于宝宝太小了，他们只好用手部动作来传达自己的愿望。因此，当父母看到宝宝张开小手，手指向前伸展的动作时，一定要赶快陪他玩耍！

一般来说，两三个月的宝宝的手已经被唤醒了，他们常常会把自己的小手举到眼前凝视，左看右看，热衷于玩自己的手，忽而手指头一张一合，忽而两只小手缠绕在一起，忽而又把自己的手送到嘴巴里舔一舔。有时候他还会伸手抓自己的脸、抓人、抓衣服，抓任何伸手可及的东西。对此，有些父母担心宝宝抓伤自己的小脸，就给他们戴上了小手套。其实这种做法是不对的，不但会阻碍宝宝手的运动能力的发展，还可能会影响宝宝大脑的良好发育。因此，如果你怕宝宝抓伤自己，注意勤给宝宝剪指甲就可以了。

爱抓拿东西——探索世界的开始

很多妈妈反映，宝宝到了八九个月时，总是喜欢自己动手抓饭吃，家人剥好了香蕉想要喂他，他却不再依从，偏要自己抓，一边吃一边捏着玩。很多父母都怕宝宝把衣服和小手弄脏，而不让宝宝自己动手。其实，父母这样做是不对的。因为这样做就剥夺了他用手的自由，也剥夺了他认识世界的机会。

宝宝通过小手的不断探索，小手越来越灵活，使大脑得到了很好的发展。起初，宝宝见到方的就捏，见到扁的就扔，见到线就拽。后来又慢慢学会开门、关门，掏掏抽屉看里面有什么，要自己抓饭吃、抓泥沙玩，就这样不停地用手玩了起来。看起来宝宝在做一个简单的动作，可是对他们来说，其实是通过手去摸、去揉、去扔、去拽来感知一切用手能接触的物体，来感知它们之间的差别，以及它们是什么样子的。这就是他们用手来探索、认识世界的过程，也是锻炼思维的过程。

如果宝宝在这个时期，手的活动能够自由发展，那么将来一定会成为聪明的宝宝。因此，身为父母，当宝宝出现爱抓拿东西的行为时，我们千万不要阻挠他，而应该鼓励他去尝试、去探索。

张开双臂扑向熟人——“我喜欢你！”

当宝宝长到3个月时，就已经能够认得爸爸妈妈了；6个月时，就能够区分亲人、熟人和陌生人了；8个月时，宝宝的活动能力大大增强，并且他的人际交往欲望也越来越强烈，因此会使用一些肢体语言来进行表达。比如，当他见到亲人或者熟人时，就会张开双臂，扑到对方的怀里；见到小朋友时，也会伸手去触摸对方，以表示欢迎和喜爱。

可是，在现实生活中，当宝宝做出这样的动作时，有些父母由于有其他事情要做，就拒绝抱宝宝。这时宝宝就会有被冷落的感觉，进而产生回避父母的行为，以“惩罚”父母，这对孩子健全人格的形成有不良影响。因此，当宝宝张开双臂扑向你时，你应该立刻满足宝宝的情感需求，以同样的方式表达自己对宝宝的喜欢之情。

喜欢敲敲打打——满足好奇心的方式

宝宝快1岁时，大多数都喜欢拿东西当鼓敲。家里的玩具，吃饭用的筷子、勺子，只要他能够得着的东西都成了他敲打的工具。有些父母由于不了解宝宝这一行为背后所隐藏的秘密，以为宝宝是在捣乱，又怕他弄坏了这些东西，便极力进行阻挠。殊不知，父母这样做，会阻碍宝宝的正常发展。

父母们应该知道，宝宝敲敲打打是他们在成长过程中的一种探索行为。因为宝宝在半岁至1岁左右时，大脑正处在一种模糊的意识状态下，对外界的一切都充满了好奇，希望在视觉和听觉上，寻求对外界的感知。因此宝宝在敲打东西时，双手是在触摸外界事物，而敲打发出的声音又会刺激大脑反应，引发宝宝的思考。比如，宝宝在用筷子敲桌子或碗时，他可能会想："为什么敲桌子和敲碗时发出的声音不一样？为什么桌子的声音会比较闷，碗的声音会比较清脆？"同时，各种物体碰撞时发出的不同声响，也会让宝宝觉得很开心。

经过一段时间的练习，宝宝很快就会选择敲打物，并学会控制敲打的力量，随即发展了他自身动作的协调性。

所以，父母应该理解宝宝，不应制止宝宝的行为。耐心解释并适度容忍是最佳的选择。比如，父母可以给宝宝解释：为什么敲打不同东西发出的声音不一样？哪些东西是可以敲打的；哪些东西易碎，是不能随便敲的？如果宝宝敲打东西发出的声音很有节奏，也可适当给他些表扬，这样就能满足他们寻找快乐的愿望。有时候，父母还可以和宝宝一起敲着玩，或者变换着节奏敲东西让宝宝听，这样能让他们的双手和眼睛都从中得到锻炼。

总之，作为父母，要能够读懂宝宝的手势语言，这样才能了解宝宝的想法和需求，才能更好地呵护、关爱宝宝。那样，宝宝才能更加健康快乐地成长。

反复扔东西——不断体现学到的新本领

鹏鹏快1岁了。一天，妈妈递给他一块饼干，不知为何，鹏鹏把饼干抓住，然后又扔掉了。然后妈妈又递给他一块，可他还是扔掉了，而且扔掉之后，他还冲着妈妈“咯咯”笑。后来，这种情况又多次发生，不管妈妈递给他什么物品，他拿到手后都喜欢扔掉几次。不仅如此，他还多次把桌子上能拿得动的物品都扔到地上。扔完之后，他还会瞅着地上乱七八糟的物品“咯咯”地笑，并且脸上还呈现出十分满足的表情。

相信很多妈妈都碰到过类似的情况。当宝宝不停地扔东西时，父母还得来回捡，为此而感觉厌烦不已。妈妈感到不耐烦，宝宝却乐此不疲。宝宝为什么会喜欢这样做呢？

乱扔东西能促进宝宝成长

一般来说，宝宝到了6～8个月时，就开始有扔东西的行为了。当宝宝在无意中扔东西的时候，他会异常兴奋，会认为自己又多了一项大本领，因此会非常高兴地进行多次重复，同时也希望引起爸爸妈妈的注意，能够给予他赞扬。

扔东西的行为标志着宝宝能够初步有意识地控制自己的手了，这是脑、骨骼、肌肉、手、眼协调活动的结果。随着手的功能逐渐被唤醒以及手部的肌肉逐步发达，宝宝就会发现，手不光能抓东西，还能扔东西，这对于他们来说又是一个重大发现。所以，他们要不断地体验这一新功能。反复扔东西，对于训练宝宝的眼和手活动的协调性大有好处，而对于听觉、触觉的发展，以及手腕、上臂、肩部肌肉的发展，也有一定的促进作用。

在反复扔东西的同时，宝宝实际上也是在学习。比如，他会观察物体的坠落轨道、方式，并注意不同物体落地时的声音，从而提升了观察力；他会逐渐发觉扔东西和发出声音之间存在着必然的关系，从而发展了逻辑思维；从扔出东西到等待声音，从而学会心理期待等。因此，扔东西对宝宝来说，是必经的一个成长阶段，对宝宝的身体、智力和心理成长都有很大的好处。

正确指导宝宝乱扔东西

我们已经知道了宝宝乱扔东西是他在体验手的功能，而且对宝宝的身心发展都有好处，因此，作为父母就不应该极力阻止、限制，而应该允许宝宝扔东西。那么，具体应该怎么做呢？

（1）不要批评惩罚，要多加表扬。当宝宝刚刚学会抓起、扔出的动作时，父母要说一些表扬宝宝的话，如“宝宝力气大，扔得真远”。即使宝宝扔了不该扔的东西，也不要严厉责备宝宝，否则宝宝会以为可以借乱扔东西来引起大人注意，久而久之，这种破坏性的行为会演变为一种习惯。

（2）把握好“关爱”宝宝的度。平时要多关心宝宝的心情，让宝宝感受到关怀和爱，但切不可过分溺爱，否则宝宝会用扔东西来发泄情绪，不利于好性格的养成。

（3）有些东西坚决不能给宝宝玩。宝宝还没有分辨能力，会看到什么就扔什么，所以玻璃器皿、贵重物品等要放到宝宝不能够到的地方，以免伤害到宝宝或他人。

（4）可以给宝宝准备一些不易损坏的玩具，比如毛绒玩具、塑料玩具、橡胶制玩具等无伤害性的玩具让宝宝玩耍。

（5）不要立即收拾玩具。当宝宝扔出一个玩具后，不要马上收拾，否则宝宝会以为这是两个人玩的游戏，会玩得更起劲儿。因此，要等到宝宝把手中的东西都扔完，他找你要时，你再捡回来。

（6）和宝宝一起玩扔玩具的游戏。爸爸妈妈有兴致陪宝宝玩的时候，也可以和宝宝面对面坐着，中间隔一点距离，一起拿个毛绒玩具扔过来扔过去，这样不但锻炼了宝宝的能力，还促进了亲子关系的发展。

喜欢走高低不平的地方——行走敏感期到来了

一位母亲讲述道："欢欢2岁了，最近对上下楼梯特感兴趣。一次，我带他去超市买东西，刚走到楼梯口，他就一直嚷着：'欢欢上楼，欢欢上楼……'因为超市的人流较大，我怕别人不小心碰到他，便没理他的要求，直接抱他上楼。欢欢却哭闹不停。无奈，我只好抱他下楼，重新让他自己走上来。"

还有一位母亲讲道："有一天下了一场大雨，第二天出门时路上到处都是一洼一洼的积水。我怕儿子会把鞋子和衣服弄脏，于是便对他说：'妈妈抱你走吧！'可他好像对这样的道路非常感兴趣，说什么也不让我抱。开始时，他还学着我的样子小心地避开积水，可是只要我一不注意，他就会踩到水洼里去。到后来，反正衣服和鞋子已经湿透了，我就不再管他。这下，儿子兴奋起来了，他不但逢洼必踩，还拉着我的手在水洼里使劲蹦。"

孩子进入行走敏感期的具体表现

像上面两位母亲碰到的情况，相信很多父母都碰到过。那么，孩子为什么喜欢那样做呢？当碰到这些情况时，父母应该怎么做才好呢？

我们都知道，孩子最早使用的工具是手，所以他们手的经验要比脚多得多。同样的道理，在孩子刚刚学习走楼梯时，他们的手起了非常大的作用。在下楼梯时，孩子往往先用手感知一下一级台阶的高度，才敢把脚放下去；上楼梯时也是如此。但当孩子上下楼梯不再依靠手时，他们就能完全体会到脚的作用。所以，在这个时候，孩子会迷恋上走楼梯，他要重复地用脚来感知空间，用脚来把握空间，使自己的脚在任何空间里自由运用。也正是如此，孩子脚的潜能才会逐渐被激发出来。

在这个年龄段，腿和脚的功能已经被唤醒，在行走的敏感期，孩子强烈地渴望用脚去探索。他们的探索方式可能是不停地行走，也可能是重复地走楼梯，还可能是喜欢走那些高低不平的地方等。但无论是哪种探索方式，对于孩子来说，都是使其感到快乐的游戏和活动。

行走敏感期，让孩子尽情释放腿和脚

当孩子行走敏感期到来时，父母应该尽量满足孩子的要求，让孩子尽情地去释放腿和脚，尽情地去享受行走所带来的乐趣。不要因害怕孩子跌倒，怕他遇到危险，就限制他。孩子只有经历过“跌倒”，才会“爬起来”，才会有新的成长。

当然，父母不要以为孩子的行走敏感期会持续很长时间。其实，当孩子能够独立行走之后，他们的这个敏感期很快就会消失。一旦孩子的这个敏感期消失，他们就会对疲劳特别敏感，也许还没有几步，他们就会要求父母“抱抱”。所以父母一定要趁着行走敏感期这个机会，尽量地培养孩子腿和脚的行走能力。

好动是孩子的天性

强强3岁多了，可是爸爸妈妈发现，自从他会走之后，就没有一刻是安静的，不是站到桌子上，就是爬到衣柜里。每次带他去商场或公园，他不是在电梯上蹦蹦跳跳，就是爬上栏杆往下看。有一次，他偏要翻越公园里的一个栅栏，不小心从栅栏上摔了下去，头被摔了一个大口子，还缝了几针。从此之后，爸爸妈妈每次带他出门都会提心吊胆的，生怕孩子再因淘气而受伤。爸爸妈妈甚至以为强强可能有多动症，为此苦恼不已。

正常好动和多动症的区别

在日常生活中，我们常常会看到一些像上例中的强强一样特别好动的孩子，有些父母就担心孩子是不是患了多动症。其实，孩子好动，并不代表就患了多动症。孩子好动，是精力旺盛、身心健康的表现。

如果把正常孩子的好动误认为是多动症，那对孩子的身心发展则十分不利。据有关专家讲，儿童多动症是“轻度脑损伤”，或称为“轻度脑功能障碍”，多发于5～10岁的儿童中，发病率在3%左右。孩子是否有多动症应由医院医生来确定，而且一旦确诊患有多动症就必须及时加以治疗。那么，儿童正常的好动和“多动症”应该怎么区分呢？

1. 专注能力不同

正常好动的孩子，虽然也有注意力不集中的表现，但对有兴趣的事情，却能专心致志；而多动症的孩子兴趣爱好极少，即使是稍感兴趣的游戏机、少儿电视节目等，也不能使其专心致志。他们很容易受到外界环境的影响，几乎不会专注于任何事情，做事常半途而废或频繁地转换。

2. 控制能力不同

正常好动的孩子可能只是在家里，或者某种场合、某些人面前好动，而在其他环境，特别是陌生的环境或严肃的场合中能够安静下来，并且容易接受大人的管教，控制自己的行为。而患有多动症的孩子则比较冲动，情绪很不稳定，在婴幼儿时期就有所表现，比如爱哭闹、易兴奋等，并且不分场合地爱发脾气，也不会接受大人的控制，和其他小朋友在一起时，很容易发生冲突。他们的言行非常多，整日闹腾不停。他们并非故意要多动，只是因为控制不住自己的行为，不自觉地不停活动，而且有时还会做出让人难以理解的举止。

3. 年龄不同

孩子好动一般都发生在幼儿时期，随着年龄的增长会逐渐减轻；而患有“多动症”的孩子在婴幼儿、儿童甚至青少年时期都会多动，不会有明显改善。

现在大家已经知道了好动和多动症之间的区别，当孩子没有突出表现时，千万不要胡乱猜测，也不要随便对孩子说“你是多动症”，否则会影响孩子的智力发展，增加其精神负担。

孩子好动背后所隐藏的心理需求

有些父母把孩了好动视为不老实、调皮、不遵守纪律，对好动的孩子加以种种限制，可是效果并不理想，孩子依然我行我素。这是为什么呢？

原因在于对孩子好动背后所隐藏的心理需求并不了解。其实，好动只是表面现象，而深层次的心理需求才是重点。只有先弄清楚孩子好动背后的心理需求，然后再有针对性地加以引导，才能保证孩子的健康成长。一般来说，孩子好动，主要有以下几点原因。

1. 探索心理

好动是孩子探索自然和社会的一种表现。他们什么都要看一看、摸一摸、动一动，对周围的事物感到新鲜、好奇和不理解，还会提出各种各样的问题来，他们在通过自己的动作感触我们成人早已习以为常的东西，在用自己的方式认识和了解各种事物或者环境。而我们成人却把这些探索行为看成是好动。

2. 性格差异

人的性格和气质生下来就会有所不同，所以造成孩子对人、对事的态度不同。有的孩子生来就是活泼好动的性格，情绪和专注力容易受到外界的影响，不容易静下心来做事情。年龄越小，这种性格特征就会体现得越明显。

3. 取悦心理

每个孩子都有被接受、被尊重，喜欢得到别人赞扬的心理需求。很多孩子之所以好动，就是想用这种方式来取悦父母，希望能得到父母的赞赏。特别是当孩子这样做曾得到过父母的赞赏时，这种行为就会更多。比如，当孩子会爬到椅子上时，父母看到后感慨“孩子长大了”。孩子以为父母在表扬自己，于是为了得到父母的再次赞扬，这种行为就变得更多了。

4. 补偿心理

父母平时由于工作忙，无法多陪伴孩子，孩子的被关注心理得不到满足。因此，当父母在家时，孩子就会想方设法地吸引父母的注意力，比如唱歌、跳舞等。而当这些行为得不到父母的关注与表扬时，孩子就会做出不适当的行为，如跳来跳去、吵吵闹闹等。

5. 精力过剩

小孩子的精力都比较旺盛，正处于跑跑跳跳的年纪，可是由于现在大多孩子活动机会少，活动量小，从而导致无法消耗过剩的精力。于是，孩子只好在自己家里寻找可以运动的机会。

正确引导好动的孩子

如果你的孩子活泼好动，千万不要因为担心他因淘气而受伤就阻止他的好动，更不能冲他生气发火。要知道好动是孩子的天性。并且，从运动医学的角度来看，孩子爱跑爱跳具有强身健脑的作用，对其成长有利。在跑跳的过程中能产生振动，如果“外源性”振动和“内源性”振动相结合，有利于孩子大脑的发育，可以促进其思维的发展，让其思维变得更敏捷。那么，面对好动的孩子，父母应该怎么做才好呢？

1. 让孩子痛快自由地玩耍

孩子的精力得不到宣泄，不但会影响孩子的身体，更会影响孩子的心理，会让孩子感到无聊、焦躁。所以父母要保证每天让孩子在室外的空地上痛快地玩至少1个小时，这是非常必要的。也可以选择一些适合孩子发展的体育项目进行培养，这样孩子不但睡得香，而且情绪也能平静下来。

需要注意的是，在孩子玩耍的时候，父母最好陪在身边，告诉孩子一些注意事项，以保证孩子的安全。

2. 要多陪伴孩子

父母是孩子的启蒙老师，学龄前儿童最需要的就是父母的陪伴和指导。因此，父母一定要多陪在孩子身边，比如陪他一起做做简单的手工，或者画画等，在此过程中可以督促他集中注意力，进而提高孩子的控制能力。

3. 让孩子每次只做好一件事情

告诉孩子，要想把事情做好，最聪明的做法就是每次只做一件事情。比如，在画画时就专心画画，不要还想着手工小制作。否则，什么事情也做不好。

在日常的学习、生活中，为了让孩子养成专注的好习惯，父母可以故意给他布置很多任务，让他去完成，然后在他做得一塌糊涂的情况下，再告诉他每次专注做好一件事情才是捷径。这样，孩子就能深刻体会到专注的重要性了。

4. 订立规矩

在顺应孩子好动的天性的同时，父母也要给孩子订立一些规矩，以对其进行必要的约束。尤其是3岁以上的孩子，要让他明白什么该做、什么不该做。比如，要告诉孩子，在一些特定的场合，像在电影院看电影、到商场购物、在教室学习时，一定要集中注意力，保持安静，不能乱说乱动、大声喧哗。否则，就会影响他人。

Part 3
了解孩子的怪异举止，正确解读行为背后的心理密码

孩子的许多奇怪举动常常令父母感到困惑。有时候，孩子会很高兴地笑；而有时候，却又放声大哭……孩子的行为是多种多样的，孩子的每个行为后面都有和成人不太一样的原因。作为父母，必须要读懂孩子行为背后的内心密码，才能给予孩子一些合适的引导。

宝宝有根“蜜手指”

当宝宝长到三四个月大时，几乎所有的妈妈都会发现这样一个问题：宝宝总是喜欢把手塞到嘴巴里津津有味地吃个不停。从最初笨拙地吸吮整只手，后来发展到灵巧地吮吸某一根手指。对此，很多妈妈都感到不解，难道真的像人们说的那样“小孩手上有三两蜜”？手真的就那么好吃吗？

孩子吃手心理解读

孩子认识这个世界，首先是通过嘴开始的。孩子出生后的第一年被称为“口欲期”，在这个时期，他看到什么东西都喜欢往嘴里放，这是一种正常现象，父母们不必担心。那么，宝宝为什么喜欢吃手呢？

1. 宝宝需要吸吮

对于刚出生的宝宝来说，吸吮是一种天生的需求。新生儿大脑发育尚未成熟，还不能控制自己手的动作，等长到2～3个月时，宝宝开始出现手上的动作，这时手就成了宝宝的一种有趣的玩具。当宝宝感到不安、烦躁时，就会通过吃手来镇定自己的情绪。

2. 喂奶方式不当

由于很多妈妈的喂奶方法不正确，喂奶时距离宝宝不够近，宝宝感觉不到爱和温暖，这种情况下，不能满足宝宝吸吮的欲望。还有一种情况是采取了人工喂养，奶嘴开口太大，宝宝吸吮速度快。在这两种情况下，即使宝宝的肚子饱了，但在心理上还没有得到满足，所以便会以吸吮手指的方式来代替。

3. 宝宝感到寂寞

有些宝宝不喜欢整天睡觉，渴望周围的亲人可以同他一起玩耍。如果父母过分忙碌，以至于忽略了宝宝与外界交流的需要，宝宝便会通过自然地玩弄自己的手指和吸吮手指来解闷。总之，吃手是宝宝的一种健康的自我安慰的方式，是其成长过程的一种心理需求和一过性（一过性是指持续时间较短且很快消失）行为，父母无须加以干涉和阻止，只要注意必要的卫生即可。随着年龄的增长，这个习惯就会消失的。

预防过分吃手有对策

虽然说吃手对宝宝有好处，但是如果宝宝吸吮手指的时间过长，就是一种不良习惯了。这样不但会使上下颌的正常生长受到干扰，影响面部的美观，而且在吸手指的过程中，如果恰好遇到牙齿生长，吸手指时所用力的方向就会让牙齿朝着不正确的方向生长，进而影响牙齿的排列、咬合，也容易引发口腔问题。因此，父母在平时也要注意预防宝宝过分吸吮手指。那么，具体应该怎么做呢？

1. 行为忽视

如果宝宝吸吮不是十分严重，父母可以采取置之不理的态度。父母自身不但要克服内心的焦虑，还要控制自己的情绪与行为。

2. 满足宝宝充分吸吮的需要

妈妈在喂奶的时候，心境要保持平和，不急不躁，以免给宝宝造成压力。要尽可能喂母乳，等宝宝主动吐出乳头时再离开。如果是人工喂养，奶嘴开口的大小要适中，不可太大，以有效控制奶液的流速，要让宝宝有足够的时间来满足吸吮的需要。在哺喂宝宝时，要注意不能只给宝宝营养，还要提供足够的关爱和温暖。比如，在喂奶的时候，可以用手轻轻地抚摸宝宝的头、面颊，叫叫他的名字等。

3. 多陪陪宝宝

身为父母不能因为工作忙，就忽略了宝宝。要知道，父母是宝宝的精神寄托，所以平时应该多搂抱、陪伴宝宝，要利用空闲时间多和宝宝说说话、唱儿歌、玩积木或看画报等，使他有安全感、幸福感、满足感。慢慢地，宝宝就不会通过吸吮手指来进行自我安慰了。

4. 给宝宝提供合适的玩具

很多时候，宝宝是因为无聊才用吃手来打发时间的。对此，父母可以为宝宝提供一些能够用手拉、扯的玩具，比如手摇铃、悬吊玩具等，宝宝拉、扯玩具会比吸吮手指来得更有成就感，于是渐渐地，他就会减少把手放到嘴里的动作。

5. 提升宝宝的认知能力

父母平时可以多带宝宝出去活动、郊游，带他多接触一些不同类型的东西，同时跟他说说话。这样，不但能让宝宝多接受周围事物的刺激，增加他对其他事物的兴趣，还能让宝宝在各种丰富多彩的活动中，有了新的更健康的方式和寄托，这样他就不会有事没事只想着吃手了。

最后，需要注意的是，在纠正或帮助宝宝戒除吸手指的习惯时，应该循序渐进找对方法，千万不能操之过急，否则会把焦虑的情绪带给宝宝，使宝宝产生压力。正确的做法是先分析吸吮手指的原因，然后再对症下药，这样才能迅速有效地解决问题。

孩子总是黏着妈妈，父母要理解

月月1岁6个月了，主要由妈妈带。可是最近不知怎么了，月月总喜欢黏着妈妈，只要妈妈在家，她就会一直跟着妈妈，就连妈妈上趟卫生间，她也要跟着。妈妈想要出去办点事情，可她偏偏哭闹着也要去，弄得妈妈什么也做不了，不知到底该怎么办才好。

很多父母也都提过类似的事情，好像宝宝爱黏人是一件令父母们颇为头痛的事情。

宝宝爱黏人——安全感需求来了

美国加州大学医学院精神学临床教授阿兰·斯格尔解释说："1～2岁，是孩子出现黏人行为的最明显阶段，他们把妈妈或看护人看作一个'安全基地'，当有安全需求时，就会返回看护人身边。"

宝宝出生后，缺乏最基本的生活自理能力，长期处在妈妈的照料下，必然会形成对妈妈的依赖。所以说，宝宝黏人是一种正常的心理发展，是对熟悉的亲人逐渐产生依恋情绪的表现，也是宝宝成长过程中不可避免的现象。宝宝和妈妈之间温暖、亲密的关系，适度的依恋（即黏人现象），可使宝宝既得到满足，又心情愉快。

宝宝有了这种安全依恋感时，不但能在陌生的环境中克服焦虑和恐惧，还能去探索周围的新鲜事物，并且发展社交能力和认知能力。可以说，宝宝早期安全感的建立对其一生的心理健康发展都有着非常重要的作用，对他们的人格形成、未来发展都影响重大。

针对黏人宝宝，专家来支着儿

针对宝宝爱黏人这一正常现象，父母们一定要正确认识，并采取适当的方法来处理，帮助宝宝顺利地度过这个特别的成长阶段，让宝宝健康成长。

1. 保护宝宝处在萌芽状态的独立性

宝宝1周岁后，独立意识开始萌芽，比如，喜欢自己拿着勺子吃饭，不愿意被别人抱着走等。宝宝的这种独立性倾向，是一种积极向上的因素。父母应当爱护这种独立意识，及时给予引导和鼓励，如用话语、表情、动作等表现出对宝宝独立性的赞许，可以经常夸赞宝宝“能自己吃饭了，真了不起”，给宝宝一个拥抱等，以此激励宝宝更加大胆独立地去探索。

2. 要让宝宝懂得父母是爱他的

当宝宝向父母发出各种需求信号时，要及时满足他们的身心需要。平时要多抱抱、多亲亲宝宝，要经常和宝宝说话，让他感受到自己被爱包围着。在家时，可以让宝宝一个人玩，并不时地过来和宝宝一起玩，让他常常看见你，这样能让宝宝对你产生信任感与依赖感。

3. 把自己正要去忙的事告诉宝宝

1岁的宝宝能够听懂父母经常说的一些简单话语。你可以在离开宝宝的时候向宝宝解释一下你正要去做的事情。比如，你可以告诉他：“妈妈要去煮晚餐，你要在娃娃床上玩玩具。等煮好了，我会陪你玩哦！”宝宝渐渐明白父母要做的事，而你也确实去做你所说的事，这样宝宝就会信任父母，并愿意独自待一会儿。

4. 用游戏方式进行渐进式分离

父母可以用一些宝宝感兴趣的游戏来分散他的注意力，采取渐进式的方式减少宝宝的黏人频率。比如，可以先陪宝宝一起玩他喜欢的游戏，当发现宝宝可以把注意力集中在他喜欢的游戏上时，你就可以对他说：“妈妈有点别的事情要做。妈妈就在宝宝旁边，宝宝自己玩一会儿吧。”要注意的是，你一定要让宝宝知道你在哪里，不可以看到宝宝正玩得开心就突然不见，这样宝宝会觉得非常没有安全感。在你离开之前，一定要让宝宝知道，并且征得他的同意。你可以这样说：“妈妈暂时离开一会儿，马上会回来，好不好？”一般情况下，宝宝会同意的。

5. 不要因为宝宝总黏你而处罚他

有些脾气比较暴躁的父母，当宝宝黏他的时候，就会感到十分不耐烦，认为宝宝太不独立了，便会用一些方法来处罚宝宝，这种做法是非常不可取的。宝宝总是喜欢黏着你，说明他觉得在你身边才最有安全感又最开心。如果因为这样而去处罚他，就会让他对自己产生极大的怀疑，觉得自己是不是做错了什么事情，同时也会缺乏安全感，从而影响到他心理的健康发展。

随口咬人，并非是恶意攻击

2岁半的小女孩小米咬了天天的手。天天大哭，小米满脸歉意和恐惧，她为自己辩解，说："为一个玩具吵了起来，不小心咬了天天。"

小米妈妈有点诧异，小米是一个很乖巧、语言表达能力较强的孩子，平时没发现她有侵犯性行为，为什么她会咬天天呢？解决了他们之间的矛盾后，妈妈突然想起，前几天曾发现小米在用嘴巴啃桌子，仿佛桌子很好吃的样子。当时妈妈还以为她是无聊，就阻止了她。尽管这样，妈妈还是想不通女儿为什么会出现这样的行为？

相信很多父母都碰到过像小米这样咬人、啃东西的情况。那么，孩子为什么会出现这种行为呢？

一般来说，孩子咬人主要包括这几种情况：第一，长牙时牙龈又痒又痛，孩子会咬人；第二，孩子内心需求得不到满足时，为了发泄情绪会咬人；第三，孩子的口腔敏感期没有得到满足而出现的补偿性反应。所以说，孩子咬人并没有什么恶意，父母不要以为孩子学坏了，因为这是他无意中用口、牙齿去认识事物，与故意用牙齿去攻击别人有着本质的区别。

那么，当孩子出现咬人行为时，应该怎么做呢？

1. 满足孩子口腔的味觉和触觉

在孩子咬人的那段时间，父母要尽量满足他口腔味觉和触觉的发展需要。父母可以给孩子准备一些软硬不同的食物，或者准备一些能够咬或尝的东西，让孩子尽情去感受。

2. 给孩子提供较硬的食物

正处于长牙齿的时期的孩子，牙床会感觉很痒。在这种情况下，父母应该给他提供一些比较硬的食物让他练习咀嚼，例如磨牙棒或者磨牙饼干。不用担心孩子嚼不烂或者万一卡住怎么办，孩子的咀嚼能力是很强的，常常也会嚼了吐出，然后放进嘴里再嚼，偶尔被卡住他也会自我调整。这样一来，就能在很大程度上避免孩子咬人现象的发生。

3. 不要训斥和打骂孩子

有的父母不知道孩子爱咬人是因为正处在口腔敏感期，因此，当一两岁的孩子咬人时，父母常会不问青红皂白地训斥孩子，甚至用手打孩子的嘴巴。有这样一位妈妈，她1岁半的宝宝在她完全放松的状态下咬了她一口，结果妈妈一声嚎叫，孩子一下子被这种声音吓坏了，“哇哇”哭起来。但是，这位妈妈还不算完，她指着孩子的鼻子说：“再咬，再咬我就把你的牙敲掉！”一副恶狠狠的样子。孩子还小，还没有完全的自控能力，他也许是想对妈妈表示好感，但一不注意就咬下去了。可妈妈并不了解这些，而是一副凶巴巴的表情。这种巨大的转变让孩子接受不了，很可能会给孩子幼小的心灵留下阴影。所以，父母一定要以此为戒，切不可训斥孩子，打骂孩子。可以这样对他说：“这样咬妈妈不是爱妈妈的表现，反而会把妈妈咬疼，妈妈会生气的。”并且把被他咬伤的地方给他看，激发他的同情心。

另外，孩子咬妈妈时，妈妈要尽量控制不出声，要不孩子会觉得咬妈妈是一件很好玩的事情，从而导致孩子分不清是非。因此，妈妈要恰当地引导他，并且告诉他咬人是不对的。

需要注意的是，面对孩子咬人这一行为，父母千万不能不闻不问。如果孩子养成了咬人的习惯，那后果将会非常严重。要纠正孩子的这种行为，父母要做好充分准备，要耐心地慢慢指导。因为孩子这个时候还没有很强的记忆力，父母要坚持不懈地提醒他不能咬人，慢慢地，孩子的这种行为一定能够得到改正。

伸手打人——只是想引起注意

楠楠才1岁3个月，可从上个月起，这个很少“打人”的乖乖女就会“打人”了。楠楠打人的时候会说“打你”，同时，手就真的“啪”的一声打了下来。楠楠几乎是见谁都打，有时候是打大家的脸，有时候是拍别人的头，甚至还使劲拽大家的头发！她打人相当疼！楠楠的妈妈觉得很无奈。

其实，孩子打人，并非真的爱打人，而是因为正处于“打人敏感期”，这是一种正常的表现。他打人，可能是为了吸引父母的注意力，也可能是他情绪太激动，也可能是他想用肢体语言表达自己的某种情感，还可能是他想与别的小朋友沟通、交流等。因此，无论如何，都不能认为孩子有暴力倾向，不能随便给孩子贴标签。那么，当孩子处于“打人敏感期”时所出现的打人现象，父母应该怎么做呢？

1. 对孩子的“打人”行为，不要做出过激反应

孩子一旦做出“打人”行为，父母就反应过激，对他严加管教，这时，孩子就会非常聪明地意识到，无论父母在干什么，只要他打人，父母就会关注他。这样，孩子就会把打人当成吸引父母注意力的一种方法。由

此可见，父母对孩子打人的行为不要太敏感，否则，就会让孩子的打人行为转化成他的一种不良行为习惯。

2. 揭掉扣在孩子头上的“打人”帽子

这个年龄段的孩子打人其实只是拍打，而不是真的打，这是他自我意识的一种反映。很多时候，他只是用打人的方式来表达自己：生气了，父母不理解他了，别人离他太近了……

父母应该注意观察孩子在孩子出现用肢体语言来表达情绪的时候，父母应该跟孩子说“你是不是生气了”“你是不是受委屈了”“你想他走开，是吗”等。当父母帮孩子把他想表达的意思说出来时，他就会如释重负，就会感觉父母理解他了，也就会减少通过肢体语言“打人”来表达自己。

3. 反省自己有没有做坏榜样

做父亲的，要尽量给子女做一个好榜样，平时言行举止要尽量宽容周到，有礼貌，注意善待女性；做母亲的，也要给子女提供一个好的模仿对象，平时待人接物要亲切温和，细心周到。千万别忽视这些，也不要以为孩子小，不懂事，事实上，父母的一言一行都在孩子的眼中，是会被孩子模仿的。

4. 尽量不让孩子观看那些暴力镜头

电视里经常会有一些暴力镜头，打斗场面、孩子之间的推搡、大人暴打小孩等，都要尽量让孩子少看。现实生活中也要注意：如果父母对孩子的态度比较粗暴，随意拍打孩子，那孩子难免就会学样。另外，父母平时也不要在孩子面前夸耀和赞美别人的打斗。

孩子恋物——从“完全依恋”走向“完全独立”

5岁的童童对他的玩具毛毛虫情有独钟。这毛毛虫玩具软软的，自童童1岁时，就是他形影不离的“朋友妈妈”了。尽管在他的“百宝箱”里有许多各式各样的崭新的玩具，但是他一点也不喜欢。他父母极尽“哄劝利诱”之能事，想要他丢掉这件已经破旧的玩具，每次都遭到了他近乎拼命式的反对。这又脏又破的玩具也是他每次出门必带的玩具，如果他发现毛毛虫没带，一定会哭闹不休。童童每次睡觉必须有这毛毛虫的陪伴才能入睡。有时候，他即便睡熟了，也要紧紧搂抱着毛毛虫。

不仅是玩具，有的孩子对被子也会很痴迷。有位妈妈说，她的儿子4岁了还只用他婴儿时使用的被子，必须盖着这个被子才能睡觉，无论被子多么脏了也不让洗，为此她经常和孩子发生争执。当孩子痴迷于一件物品的时候，父母常常会担心孩子是不是有偏执症等心理方面的问题。

孩子“恋物”因缺乏安全感

其实，在孩子眼里，这些玩具汽车、玩具娃娃、被了等不仅仅是物品这么简单，它们被孩子赋予了更多的意义，它们背后往往潜藏着孩子更多的心理需求。

人类在婴幼儿时期，就会通过各种感官来满足探索的需求或安抚情绪，比如：为满足口腔吸吮的愿望，孩子会吸吮奶嘴、手指；为满足触觉舒适的感觉，有的孩子喜欢抚摸柔软的被角、毛绒玩具等。妈妈不可能时时刻刻都陪在孩子的身边，孩子就会把某些物品作为妈妈的替代品，从中获得安慰。在孩子的心中，这些东西代表妈妈和安全，当妈妈不在的时候，它代表的就是妈妈或者妈妈的一种气息。

这些物品与妈妈不同，孩子能控制它，能决定什么时候需要，什么时候不需要，并且当妈妈不在的时候，孩子可以使用它，从而逐渐减少对妈妈的依赖，这也表明孩子正在用一种积极的方法使自己从“完全依恋”走向“完全独立”。

另外，如果父母仔细观察还会发现，通常情况下孩子“恋”上的物品，大多是柔软的，可以拥抱的，这种柔和温暖的感觉就像是妈妈的怀抱。这样一种亲子依恋的表现，正是对皮肤和身体接触的需要。人在一定程度上都存在着身体接触的需要，特别是在婴幼儿阶段更为强烈，在舒适的身体接触中，孩子会得到一种心理上的放松。因此，孩子会“恋”上被子、枕头、毛绒娃娃这些物品。

那么，为什么有的孩子有依恋的物品，而有的孩子就没有呢？是他们不需要吗？这有两种可能：一是因为妈妈或其他照顾人经常在孩子身边，孩子不需要替代性的安全物品；二是孩子用其他的方法来安慰自己，比如吸吮大拇指。相对应的，没有可依赖物品的孩子可能对压力或不愉快的感觉不太敏感。心理学家认为，感情敏感的孩子往往更容易对某种物品形成健康的依恋。一般来说，孩子长到2个月大时，对压力和不愉快的反应已经显示出很大的差别，这表现为有的孩子不高兴时一秒钟也不能忍受就号啕大哭，而有的孩子则仅仅是退缩忍让。

“恋物”会持续多久

也许有的父母会问，孩子“恋物”会持续多久呢？我们已经知道了，“恋物”是孩子心理发育的自然过程，随着年龄的增长、人际关系的拓展和生活作息正常化，大多数孩子慢慢地就不再依恋这些替代性的物品。总有一天，孩子会放弃他的依恋物。

至于什么时候放弃，则没有一个确定的年龄。大多数孩子在上了幼儿园，有了更丰富的生活时，就会放弃依恋物。还有的孩子会持续到上小学，当他们知道别人会因此而笑话他们时，就不再对依恋物恋恋不舍了。

孩子会因“恋物”而不“恋人”吗

有些父母看到孩子天天抱着小枕头睡觉就担心，既然小枕头成了妈妈的替代品，孩子会不会就跟妈妈不亲了？儿童心理学专家告诉我们，父母不必担心是否有足够的能力使孩子感到安慰和舒适。目前还没有证据表明，那些有依恋物的孩子不能放心地依恋他们的妈妈。这些孩子往往把父母或依恋物看成是一个“依恋系统”，因此，无论有没有舒适的“安慰者”，孩子都能健康地成长。

过去人们认为，孩子“恋物”就预示着其长大成人之后会有心理问题，其实这是一个误区。现在，儿童心理学家们普遍认为，依恋物在孩子的成长中起着非常重要的作用，因为它可以使孩子学会怎样在难以应付的环境中进行自我安慰。

孩子恋物需要纠正吗

只要孩子情绪、行为等方面发育正常，孩子对物品的依恋就不是异常的，这种依恋会随着他的成长慢慢消失。通常大多数孩子只是在特定的时候才需要依恋物，比如必须抱着枕头或布娃娃，或者手捏着被子才可入睡等。对于这种情形，父母一般不需要干涉，更不要生硬地制止甚至强行夺走孩子的依恋物，唯一需要做的就是保证孩子依恋物的卫生，其他顺其自然就可以了。

一般来说，只要孩子对物品的依恋程度没有影响到生活作息，那么父母就不需要太过担心。除非是孩子的依恋行为到达了极端状态，几乎要让依恋物24小时不离身，那就要引起高度重视了。比如奶嘴，只在宝宝哭闹不休时拿来使用一下就行，而若孩子经常口含奶嘴不放，那就不好了。那样不但容易造成门牙突出变形，还很容易产生蛀牙。更何况嘴里整天塞着奶嘴，孩子就不愿意开口，学习说话的进展就会变得缓慢。

“恋物”本身不会对孩子的成长有消极影响，而“恋物”的源头，即安全感的缺失才是父母必须时刻关注的。当孩子突然对一件物品产生了很浓的兴趣，甚至片刻不离，那父母就要对孩子进行心理干预了。父母应该怎样做呢？

1. 平时要多拥抱孩子

注意拥抱不是奖赏，而应该是日常的、无条件的。即使孩子因做错了事而感到不安，也可以拥抱他。经常性的拥抱可以给孩子这样的暗示：“我在你身边”“我爱你”“别怕，有我呢”“失败了不要紧”“你很安全”……经常和父母拥抱的孩子，绝不会把小被子或布娃娃当成他的“精神保险带”。

2. 做好睡前安抚工作

很多孩子是在入睡前的不安中染上“恋物癖”的。有些父母为了解脱自己，总是对孩子说：“自己抱一个你最喜欢的玩具去睡觉吧。”父母这样做是不对的，这样就等于为孩子养成不良习惯提供了最佳理由。如果父母在孩子独睡前陪伴孩子，唱催眠曲或读一两个美妙的童话，打开一盏小灯，等孩子睡着再离开，那样孩子就能安心地睡觉，而不会对被子、布娃娃之类的物品过度依恋。

3. 为孩子多准备几个“迁移载体”

90%以上的“恋物”儿童都会对小被子、小枕头、毛绒玩具、用惯的浴巾之类的物品“上瘾”。因此，做妈妈的在选购这些幼儿用品时，不妨多买几个，这就让孩子无法对其中的某一种物品“专情”。如果一开始就准备了两三条小被子、一个毛绒熊家庭（包括毛绒熊爷爷奶奶、爸爸妈妈、兄弟姐妹等），让孩子选择使用的话，孩子可能就会领悟到：这些是没有生命的物品，而不是有感情、能交流的人。此外，还应带孩子多出去活动活动。父母平时要多带孩子去室外活动，多交几个好朋友；或者外出郊游，开阔孩子的眼界。那样，孩子的性格就会变得开朗，对物品的依恋自然也就会减少了。

4. 避免强制性戒除

在经过适当的处理之后，孩子正常的依恋行为并不会影响到人格的正常发展。可是一旦处理不当，幼童时期遭遇到的挫败，则会给孩子的成长留下不可磨灭的阴影。因此，父母在帮助孩子戒除依恋行为时，不要采用过激的方式，比如把辣椒涂在奶嘴上，涂辣椒具有惩罚的意味，这会给孩子带来太大的压力，甚至会让孩子产生恐惧，形成一些难以纠正的异常习惯。这种影响值得重视。

帮助孩子顺利度过肛欲期

小龙快2岁了，小龙的妈妈最近有个头疼的问题，那就是小龙从上个月开始出现了憋尿的现象。小龙每次憋尿的时候都表现出很紧张的样子，脸发红，夹着腿，撅着屁股，说想尿尿。妈妈带他到厕所后他又尿不出来，可转眼又尿在了裤子里，最多的时候一天尿了4次裤子。为此，小龙的妈妈感到很焦急，担心孩子是不是生病了。

其实，孩子出现这种行为并非生病了，而是他们正在经历“非常时期”——肛欲期。1岁左右的孩子通常都要接受大小便的训练，随着括约肌的发达，孩子开始能在一定程度上控制自己的大小便，当大便经过肛门，小便经过尿道时，黏膜会产生强烈的刺激感，从而给孩子带来高度的快感。所以，当孩子学会自己脱裤子解大小便后，反复出现憋大便或憋小便，并将大便或小便解在裤子里的现象，这就是孩子肛欲期到来的表现。不过，并非每个孩子都有非常明显的肛欲期表现。

孩子的肛欲期一般会历经两个月左右的时间，肛欲期一结束，则标志着孩子的性心理向着下一个阶段迈进。在这两个月里，如果父母不尊重孩子肛欲期的发展规律，破坏孩子肛欲期的发展进程，那孩子的肛欲期就会延长，有的孩子几个月甚至半年多都处于尿裤子和大便拉在裤子里的尴尬及痛苦之中。

这个时期是训练孩子如厕的大好时期，但是一定要耐心地、愉快地训练他们。如果态度粗鲁急躁，或者言谈举止之间显示出对性器官的鄙视情绪，孩子就会感觉紧张，心理压力大，进而会扰乱孩子控制大小便的自然节律，并且还会让孩子对自己的身体产生不正确的认识，形成畸形的性压抑心理。

因此，作为父母，我们一定要帮助孩子顺利度过这个“非常时期”。那么，具体应该怎么做呢？

1. 接纳并尊重孩子肛欲期的表现

父母要懂得孩子肛欲期的心理和生理发展规律，从内心接纳和尊重这种规律，知道这是孩子成长的一个阶段。父母不可以把孩子尿裤子或者大便拉在裤子里作为谈资，更不可以当着孩子的面议论。家庭成员对待孩子肛欲期表现的态度要一致，否则会给孩子带来焦虑，导致这个阶段的延长。

2. 平静地应对孩子尿裤子

当孩子把大小便解在裤子里时，要平静温和地告诉他：“宝贝，这不是什么问题，妈妈给你换上干净的裤子。”不要说诸如“宝贝，记住下次要去卫生间”这样的废话，要明白孩子已经知道了要去卫生间大小便，只是他在目前这个阶段很难做到。

3. 千万不要羞辱、责骂孩子

当孩子把大小便解在裤子里时，父母千万不要对孩子说：“都这么大了还尿裤子！”“你怎么这么笨啊！”“怎么不知道去卫生间大便？”“其他小朋友怎么就不尿裤子呢？”“你下次再尿裤子，我就不喜欢你了。”……要知道，羞辱和责骂并不能够改变孩子生命发展的本能，反而会让孩子产生自贬心理，从而影响孩子人格中自尊的建构。

4. 不要打搅孩子对排泄物的研究

当孩子对自己的排泄物进行研究时，父母可以告诉他不要把大小便到处涂抹。如果孩子的手上沾上了大小便，你可以温和地告诉他，大小便中有细菌，如果不先洗干净手上的大小便，会生病的，然后协助孩子洗干净就可以了。父母不要以“肮脏”“羞”等概念来训斥孩子不讲卫生。

5. 帮助孩子学会控制大小便

控制排便是儿童发育的重要标志之一。这意味着孩子学会了便前有暂时的等待，然后到合适的地方去排泄。控制排便是一个复杂的条件反射过程。在这之前，孩子在意识到膀胱或大肠内有充盈感时就会自动排出大小便，这是一种先天形成的无条件反射。但有控制的排便，则是将充盈的信息先反馈到大脑，等到了便盆处，再指令膀胱、肠道括约肌等器官放松并进行排泄。可见这一复杂过程与儿童膀胱、肌肉发育及大脑皮质功能的发育完善密切相关。

在正常情况下，孩子的大小便训练可以从1岁开始。在训练孩子上厕所时，父母应该注意以下几点：

（1）父母配合掌握儿童排便习惯。一般在孩子睡前、睡后或吃奶、喝水后1小时，让他坐在便盆上，用“嘘嘘”声来引导他。通过时间、声音、坐盆姿势等相配合，形成排便的条件反射。

（2）让孩子坐在便盆上大便。在这段时间里，即使孩子尿裤子了，或是大便已经排出，也应该坚持让孩子去坐便盆，强化排便行为与便盆的联系。刚开始训练孩子使用便盆时，坐盆时间不要超过5分钟，坐盆时不要喂食，也不要让其玩耍，以培养良好的排便习惯。父母平时要多观察孩子的表情，一般来说，孩子大便前会有放屁、面红、使劲、发呆等表现。

（3）培养孩子定时大便的习惯。让孩子在固定的时间坐盆，并用“嗯嗯”声相配合，可以逐步养成孩子定时大便的习惯。儿童控制大小便的次序是：夜间控制大便——白天控制大便——白天控制小便——夜间控制小便。女孩学会控制排便会比男孩稍早一些。

绝大多数孩子，在2～2岁半时能全天控制大小便。需要注意的是，孩子的体格发育存在个体差异，所以在排便控制上，父母不要相互攀比，只要坚持训练，一定可以成功的。

玩弄生殖器其实很正常

生活中我们常常会看到这样一些情况：有的男孩子时常用手玩弄阴茎，有的女孩子时常伸手去摸外阴，有的孩子骑在某种物体上向前和左右扭动身体，有的则在突出的家具棱角上摩擦生殖部位等。

父母发现孩子玩弄自己的生殖器时，常常会感到不安或畏惧，尤其是孩子当着外人这样做时，父母就会感到十分尴尬，认为孩子给自己丢了面子。因此，很多父母在遇到这种情形时不知如何是好，是制止，还是装作若无其事呢？同时他们也感到迷惑不解，难道这么小的孩子就有了“性欲”吗？

其实，人的性心理和性行为的发展不是到了青春期才突然出现的，而是在孩子很小的时候就开始了。无论男孩还是女孩，都会出现触摸弄生殖器的行为。但是，他们的行为并不像大人想的那样。他们甚至都没有意识到自己在触碰生殖器，他们只是觉得触摸生殖器时的感觉很好，还有些孩子通过这个行为使自己平静下来，安然入睡。

别紧张，孩子玩弄生殖器是正常的生理行为

性欲和食欲一样，都是人类的本能。孩子在刚出生时只有食欲，随着年龄的增长，孩子开始探索自己的身体，小手不停地摸来摸去，触摸自己的眼睛、鼻子、耳朵，当然还有生殖器。孩子通过抚摸生殖器产生的快感，比触摸其他部位时显得强烈，所以他就更加喜欢玩弄生殖器了。

孩子抚摸自己的生殖器开始于1岁前后。3～6岁是孩子玩弄生殖器的高发时期。父母们对孩子玩弄生殖器的行为往往会表现出高度的焦虑，不是痛斥孩子，就是狠揍一顿，好像孩子做了什么见不得人的丑事。有些父母甚至还会担心孩子常玩生殖器会“肾亏”，其实这些做法和想法都是不正确的，会给孩子造成很大的心理负担。

这个阶段的孩子，他们玩弄生殖器的行为与品德无关。他们的行为都不是出于性的目的。虽然孩子玩弄生殖器的种种表现和性行为很相似，但并不是性早熟的结果。幼儿很单纯，他们没有性的观念，也没有第二性征出现和体内性激素水平的变化，所以他们不可能通过玩弄生殖器达到性高潮，出现排精现象，自然也谈不上“肾亏”的问题。我们需要明白一点，儿童玩弄生殖器不会给孩子带来疼痛和器质性的损伤，也并不是什么品质问题。对于学龄前的孩子来说，抚摸、玩弄生殖器是很正常的现象，也可以说是好奇心的表现。因此，父母没必要有精神上的负担。

孩子玩弄生殖器的行为什么时候“结束”

孩子在0～6岁这个成长的过程中，成年人会不停地把社会的道德和行为标准反复告知给孩子。孩子在社会化的过程中，不断使自己的行为符合社会的要求，由此逐渐建立起自己的道德感、羞耻心和审美观等，这是孩子改变和控制自己行为的精神力量，所以，我们可以看到一些3～6岁的孩子在玩弄生殖器时不回避外人，但长大后他们就不会当着外人的面那样做了。

孩子在6～7岁这个阶段，性发展进入潜伏期，性的能量通过学校的课业和活动得到升华。另外，弗洛伊德认为，人类的性在3～6岁时达到了一个高峰，可是由于还是小孩，不能够生儿育女、组建家庭，于是，人类的性发展便有了一个潜伏期。到了青春期时，性发展又开始了，达到生殖器占统治地位的性发展高峰。因此，长到6～7岁以后，绝大多数孩子玩弄生殖器的行为就没有了。当然，有少数的孩子仍然有，但并不影响自己的健康。

孩子需要父母的正确引导

婴幼儿时期和儿童时期的孩子玩弄生殖器的行为，对孩子的成长和以后性反应的正常建立有着很重要的影响。因此，父母首先要摆正态度，运用技巧和智慧正确引导孩子，让孩子自然地了解性、接受性。

1. 不要吓唬、责骂孩子

有些父母看到孩子玩弄生殖器，就用恐吓和责骂的方式加以阻止，比如，吓唬孩子说“再摸‘小鸡鸡’就该掉了”，要不就是责骂孩子“下流”“丢人”等，这种做法容易造成孩子的焦虑和惊恐不安，形成怯懦、敏感、自卑或孤僻等性格，并且还容易使孩子产生更强的好奇心，他们会想为什么摸耳朵、鼻子都没有关系，而摸生殖器就不行了。从而致使孩子这种行为的次数更加频繁。

因此，当发现孩子玩弄生殖器时，父母最好不要点破，而应想办法转移孩子的注意力，比如：给他新颖的玩具让他玩，给他讲有趣的故事，陪他一起散散步，或者和他一起做游戏等。这样，孩子没有机会去玩弄生殖器，在紧张而有趣的活动中，逐渐改正这一不良习惯。事后，还可以通过轻松的聊天和孩子交流看法，给孩子讲授浅显易懂的基本生理知识。千万不要简单粗暴地训斥、打骂，那样只会激起强烈的逆反生理，并给孩子留下不可磨灭的消极印象，让孩子产生厌恶心理，长大后常常造成性反应和性表现能力的抑制。

2. 不要让孩子穿紧身衣裤

紧身衣裤容易使会阴或阴茎受到刺激而诱发孩子玩弄生殖器，所以，父母平时不要让孩子穿紧身衣裤，特别是紧身内衣，而应该多给孩子买一些宽松舒适的衣服穿。

3. 注意培养孩子良好的私处卫生习惯

无论是男孩子还是女孩子，每天晚上在睡觉之前都要清洗外生殖器和肛门周围的皮肤，要勤晒被褥，勤换内裤，以防止疾病的产生。

4. 要让孩子养成良好的作息习惯

孩子玩弄生殖器的行为常会发生在睡前和醒后的时间，所以，父母不要让孩子过早睡觉，等孩子疲倦了，有睡意时，再让他上床睡觉。当孩子睡醒后，要让他马上起床，如果他醒着不起床而在被子里玩耍，就极易去玩弄生殖器。

5. 培养孩子广泛的兴趣爱好

抚弄生殖器的行为容易发生在孩子独处时，因此，父母应该避免在正常活动或学习时间把孩子单独留在室内。要创造孩子和他人交往的机会，鼓励孩子和同伴一起活动，多参加群体游戏，父母也可以在周末陪孩子一起去郊游、爬山等，这样就能防止孩子因无聊而玩弄生殖器。

另外，父母平时也要注意培养孩子广泛的兴趣爱好，来充实孩子的生活，让孩子把精力投入到积极的活动中去，那样孩子有了更感兴趣的事做，自然也就不会玩弄生殖器了。

最后，要注意的是，有一些病理情况也会诱发孩子玩弄生殖器，比如男孩患尿道炎，女孩患外阴炎，或者蛲虫病，这些情况会引起生殖器的不舒服，使孩子经常用手去摸。因此，如果发现孩子玩弄生殖器了，就要检查一下孩子的生殖器有没有红肿、皮肤破损等情况，如果发现了异常，就要及时带孩子去医治。

成人不要随意逗弄孩子的生殖器

实际上，很多时候男孩子更喜欢玩弄自己的生殖器。这都是由其周围的成人“培养”出来的，在一些重男轻女的家庭中体现得尤其明显。在这些家庭中，当一个男孩出生了，家人和亲朋好友都喜欢拿孩子的“小鸡鸡”开玩笑，有的人甚至会揪一下来逗弄他。时间长了，孩子就会以这个为傲，觉得大家都喜欢他的“小鸡鸡”，于是他就会开始模仿大人，自己主动去玩弄自己的“小鸡鸡”了。

因此，父母一定要注意这点，要尽量避开逗弄孩子“小鸡鸡”的亲朋好友。如果不方便说，那就最好找个理由暂时把孩子抱开。

孩子喜欢偷看大人洗澡——性意识开始萌芽

最近，一位妈妈感到很苦恼，因为她2岁半的儿子总想看家人洗澡。这位妈妈担心孩子看过大人的身体后会容易学坏，所以坚决不让看，结果导致孩子大哭大闹。后来，当家人洗澡时，孩子就会趴在门缝处往里面看。面对孩子的这种行为，这位妈妈不知道到底该怎样教育才好。

孩子对人体的好奇心，随着年龄的增长会变得越来越强烈。当这种好奇心积累到了一定程度，就会做出类似偷窥的行为。面对这种行为，父母往往以成年人的心理去思考问题，把这件事同“肮脏”“心理不健康”“流氓”等词句画上等号。其实，孩子出现这样的行为是很自然的反应，是性意识开始萌芽的标志。

如何处理“孩子偷看大人洗澡”的行为

对于孩子“偷窥”大人洗澡的行为，不同的父母采取不同的处理方式。下面列出三种典型的处理方式。

处理方式　：“坏小子，这么大点儿，就不学好了啊！”妈妈揪着儿子的耳朵，边打他的屁股边大吼，“让你不学好！让你不学好……”

“没有，我没有……”儿子反抗着。

处理方式二：妈妈虽然发现了儿子的举动，但不动声色。洗完澡后，回到客厅，一边擦头发，一边对爸爸说：“浴室的门应该修修了，我在里面都能看到外面了。”妈妈说话的声音很大，好像是故意要说给儿子听的。

处理方式三：妈妈匆匆地洗完澡，到书房找了一本关于人体的画册。然后指着画册上的人体图对儿子说：“世界上有两种人，一种是男人，一种是女人，爸爸是男人，妈妈是女人……不管是什么人，都要互相尊重，不能偷看别人，那是隐私……”

处理方式一中，妈妈在发现孩子的行为时，大惊小怪，反应激烈，把孩子的行为定性为不学好。挨了打的孩子，虽然可能因此明白了这样做不好，但究竟为何不好，却毫不知情。不过，有一点却印在了他的心里，即那种好奇是罪恶的。这位妈妈的做法并不利于孩子的健康成长，甚至会令孩子的性心理产生扭曲。

处理方式二中，妈妈虽然没有打骂孩子，但她顾左右而言他的方式，不但不能使孩子得到正确的认识，还会使其心理蒙上一层阴影。潜意识中，孩子那种想弄清楚的好奇心会越来越强烈。

处理方式三中，妈妈拿一本关于人体的画册给孩子讲解的做法是正确的。她把男性、女性的人体结构作为正常的知识讲解给孩子听，让孩子明白男性和女性的身体并不神秘。需要注意的是，同时也要告诉孩子，这属于别人的隐私，所以不应该偷看别人。

通过比较，可以看出，只有处理方式三中的妈妈的做法是正确可取的。随着孩子一天天地长大，他们对身边的事物都充满了好奇。孩子对两性的好奇，是孩子对众多事物好奇中的一种。这时候的他们对人体感到好奇，迫切地想要知道人体到底长什么样子，男性和女性的身体为什么长得不一样。孩子的想法很简单，他只是想通过“观察”这个渠道来了解自己所不知道的东西。这其实并没有什么，所以父母不必把它看成一件多么严重的事情。只要把正确的知识，以平静的表现方式教给他，他也就能以平静的心态接受了。

在孩子的性教育问题上，父母永远都是最好、最直接的老师。越是禁忌，越是执着，这是孩子的天性。如果不给他看，恐怕他会每次都守在卫生间门口等着看爸爸妈妈洗澡了。因此，当孩子想要看爸爸妈妈洗澡时，那就索性让他尽情地看。其实，孩子的这种好奇并不会持续很久，只要满足了好奇心，日后基本上就不看了。

交换——孩子人际关系的开端

3岁的果果从幼儿园回家后，向妈妈炫耀道：“妈妈，快看，一朵小红花。”妈妈低头一看，是一张小红花的贴画，漫不经心地问：“哪来的？”果果回答：“用水彩笔和小朋友换的。”妈妈听了，皱着眉说：“啊？傻孩子，小红花有什么好的？你知不知道一盒水彩笔可以买好多张小红花了。”果果听了，撅着嘴，好像受了天大的委屈，脸上的表情很迷茫。

交换是孩子之间的一种交往行为。刚开始时，孩子们会通过交换零食来获得友情。渐渐地，他们发现交换玩具、物品的方式所获得的友情更长久。无论孩子是用交换零食的方式来赢得友谊，还是通过交换玩具的方式来交朋友，这都是孩子人际关系意识自然发展的一种表现，都是孩子成长的一种方式。

父母如何正确对待孩子的“交换行为”

孩子们之间会经常出现“不等价交换”，比如，一个洋娃娃换一本破旧的图画书，一辆玩具车换一张小贴画。因为物品的价值不同，有贵有便宜，一些父母对孩子的“不等价交换”的行为产生了质疑。

什么是“等价交换”？其实，所谓的“等价”在成人看来是以金钱为标准的。但在孩子眼中，并没有金钱的概念，但他们一样有自己的衡量标准。他们的交换理由是对方最珍贵的物品，在他们看来这两种物品就是等值的，交换也是合理的。

所以，对于孩子的这种交换行为，父母没有必要过于紧张，也不必在意“吃亏”或者“占便宜”。因为你的这些思想不但会使孩子的交友受到影响，而且还会影响孩子对人与人之间关系的探索。另外，更重要的是，面对父母那种消极评价，孩子常常会觉得自己非常弱小，这会在极大程度上影响孩子自我意识的发展。一个总是怕自己会受骗的孩子，是不会敞开心扉去与他人交往的。那么，当孩子出现交换行为时，父母具体应该怎么做呢？

1. 不要以成人的成见看待孩子的交换行为

对于3～6岁的孩子来说，交换是他与朋友之间的交往方式之一，父母不要以成人的成见看待孩子的这种行为。其实，在三四岁的孩子眼里没有“价值”的概念，他们更不懂得“等价交换”。在这种情况下，父母不要向孩子灌输“沾光”或“吃亏”的概念，像事例中果果的妈妈的行为就不可取。当孩子“吃亏”了时，父母也不要对孩子说“你真傻”之类的话，以免打击他的自信心。

2. 告诉孩子交换后就不能后悔

孩子们的心思常会有一些反复，一些孩子在交换玩具后就后悔了，希望要回原来的玩具。这个时候，父母一定要告诉孩子：“交换后的物品已经有了新主人，那个东西已经不属于你了。”

幼儿园小班的辉辉答应送给班上的园园一个蛋糕，然后从园园那得到

一张小贴画。可是，辉辉回到家后一想觉得不合算，就对妈妈说："我现在不想换了。"但妈妈却郑重地对他说："你说过的话要算数，答应别人的事是不能反悔的。"

妈妈的做法不但让儿子学会了交换后不能后悔，还让他学会了兑现承诺，这种做法值得借鉴。

3. 鼓励孩子交换和赠送

当孩子出现交换行为时，父母不但要理解孩子的行为，还要为他创造交换的条件，鼓励他用交换、赠送的方式赢得友谊。一位妈妈为了鼓励孩子和同龄小朋友一起玩，与小区里其他妈妈商量，把每周日定为孩子们的玩具交换日。这天，这个小区的同龄小朋友都会在一起分享玩具，互相赠送。这种方法值得父母们学习。当然，在这个过程中，父母们不要干涉孩子的行为，也不要随意给他建议，而是要让他自己随便交换。

超级喜欢接电话的小家伙

不知道从什么时候起，婷婷喜欢上了接电话。

婷婷的妈妈接了一个电话，对方找婷婷的爸爸，妈妈解释说婷婷爸爸不在家后，挂掉了电话，到厨房做饭去了。

几分钟后，电话铃声再次响起。妈妈刚准备放下手头的活儿，去接电话，只听到2岁半的婷婷有点着急地喊道：“不让妈妈接电话！”接着，只见她光着脚丫跑到电话旁，拿起电话说：“喂，请问你是谁？你要找谁？有什么事吗？不在，上班去了，再见！”说完之后，她立马挂断了电话，一溜烟跑开了，还朝妈妈做了一个鬼脸。

类似的情景已经出现过很多次了。

妈妈很惊愕，女儿竟然模仿自己接电话的样子，中间没有停顿地把她刚才说过的话重复了一遍。

相信很多父母都会发现，当孩子2岁左右时，非常喜欢接电话。只要电话铃声一响，他就会立马飞奔到电话旁，拿起听筒说：“喂，请问你找谁？好的，再见！”“不在家，不在家，再见了。”然后，还没等对方开口，孩子就把电话挂断了。这个时候，父母千万不要认为孩子是在故意恶作剧，不要去责备孩子。

喜欢接电话“背后的秘密”

对于2岁左右的孩子来说，电话发出的声音简直太奇妙了，他们接打电话的经历也是一次语言探索的经历。

孩子到了这个年龄段会慢慢发现，语言不光可以从人的身上发出来，还可以从电话这部奇怪的机器里发出来，这个重大发现会令他兴奋不已。开始时，他只是观察着父母的一举一动。渐渐地，他会模仿父母的语言和姿势，尝试着自己去拨打和接听电话。

对于孩子的这种行为，父母一定要理解。其实，打电话是日常生活中人与人交流的一种方式，孩子可以通过与电话那头的人沟通，锻炼自己语言的表达能力。

宝宝对电话感兴趣，父母怎么做

当这个年龄段的孩子表现出对电话的兴趣时，父母要适当引导他的兴趣，及时教他怎样正确使用电话，并告诉他一些简单的接听电话的文明用语。

1. 满足孩子对电话的好奇心

有时，父母在打电话，孩子在一旁仔细观察，甚至伸着小手要电话。这时，父母要满足他的好奇心，试着让他参与进来，鼓励他对着电话说话，使他感受电话那头语言的神奇。

当孩子平时出现喜欢在一旁观察父母接打电话，甚至伸着小手要电话，或者拿起电话听筒，按电话号码等行为时，说明他已经对电话产生了兴趣。父母可以借这个机会，耐心地给孩子讲解一下电话的用途和原理，并教他怎样拨号，接听电话，基本的问话、答话，以及如何辨别拨号音、忙音等提示音。

2. 教给孩子一些基本的电话用语

父母平时要教给孩子一些接听电话的礼貌用语，比如：接电话时一定要礼貌地问对方“您好，请问您找谁”“您好，请问您是哪位”；当对方要找的人不在家时，可以说“爸爸（妈妈）不在，需要我为您转告吗”；如果别人打错电话，要对对方说“对不起，您打错了”“不好意思，这里没有您要找的人”；准备挂掉电话时，也要等长辈先挂掉，自己再挂掉。当拨打电话时，父母要告诉孩子，如果接听电话的不是自己要找的人，要先自报姓名，如“您好，我是××，请问××在吗”等。

3. 跟孩子一起玩“打电话”的游戏

针对孩子喜欢打电话的情况，父母千万不要盲目制止孩子的行为，更不要去批评指责。因为这是他进行语言探索的一个过程。这个时候，父母可以为他准备一个玩具电话或者类似于电话的东西，和他一起玩“打电话”的游戏。

在游戏中，父母可以教孩子打电话的礼貌用语，也可以通过玩具电话的键盘教孩子认数字，然后用拨打电话的方式检验他所学的知识。比如，当孩子拨打错了，父母可以在一旁提示：“对不起，你的号码拨错了，请重新再拨。”屡次出错后，孩子自然而然地从错误中吸取经验，清楚认识了那些数字。当他拨对了，父母可以模拟电话铃声“铃——”，表示电话接通，然后拿起电话和他聊天。这时候，父母和孩子可以重复练习我们上面提到的一些电话礼貌用语，使孩子不仅从中得到玩耍的快乐，还能学到一些与人相处的礼貌对话方式。

4. 试着让孩子拨打、接听电话

当孩子基本掌握了拨打和接听电话的礼仪时，父母可以试着让孩子实际操作，就从拨打父母的手机开始。如果孩子接受能力强的话，可以教他给爷爷、奶奶、外公、外婆打电话，问候他们。

当然，电话铃声响起的时候，父母也可以有意识地让孩子去接听，给他创造一些锻炼的机会。但要注意两方面：一方面，孩子在接听或拨打电话时，无论表现如何，都要发现其闪光点，进行鼓励；另一方面，出于对孩子身体健康的考虑，父母最好不要让孩子总是拨打和接听手机，可以给孩子立一条拨打或接听电话的规矩。

Part 4
关爱孩子的心，轻松培养孩子的好习惯

著名教育家叶圣陶先生曾说：“教育就是培养孩子的好习惯。”教育孩子，先从培养孩子的好习惯开始。好习惯是一种巨大的力量，可以推动孩子在人生道路上奋勇向前，只有从小养成好习惯，才能使孩子终身受益。而读懂孩子的“心”，对孩子的行为有一个正确的反应，并且相信孩子的自身力量，将有助于培养孩子形成良好的行为习惯。

用餐好习惯从幼儿做起

很多父母经常抱怨说，自从孩子到了1岁之后，吃饭便成了一件令他们头疼的事。孩子总是不好好吃饭，每次吃饭时，不是看电视，就是爬上爬下、玩玩具，要不就是要大人喂，甚至是要满屋追着到处喂饭。每次家里吃饭时就会搞得跟打仗一样，即便再美味的食物，也被这种就餐的氛围给搞砸了，弄得父母们苦不堪言。

孩子不良饮食习惯的形成有很多原因，但很大程度上是因为父母没有科学地喂养孩子。那么，父母应该怎么做，才能培养孩子良好的饮食习惯呢？

1. 给宝宝创造一个安静的用餐氛围

有的父母为了让不听话的宝宝吃饭，就打开电视机，趁宝宝盯着节目时，就把饭塞到宝宝的嘴里，认为这种办法可以让宝宝多吃一些。其实这样的做法是错误的，看电视、玩游戏、人多吵闹等情况，都不利于宝宝把注意力集中在食物上，不但会影响宝宝的消化吸收能力，而且会降低宝宝对食物的味觉敏感性和饥饱能力的控制性，增加肥胖概率。

所以，你应当注意培养宝宝专心吃饭的习惯，要关掉电视，把宝宝的玩具收起来。在刚添加辅食时，可以提前给宝宝喂饭，慢慢过渡到全家一起吃饭。在此需注意的是，父母应先做好榜样，有些父母喜欢一边吃饭，一边看电视，一边说话，那样宝宝在耳濡目染中也会养成不专心吃饭的坏习惯，因此父母首先要以身作则。

2. 放手让宝宝自己吃

1岁左右的宝宝，动手的愿望很强。看着爸爸妈妈一筷子一筷子地往嘴里送饭菜，自己也不甘示弱。性急的宝宝还会不停地摆动小手，想要抢家人手里的筷子和勺，好在餐桌上一试身手。这个时候，你是阻止宝宝还是鼓励宝宝，是决定宝宝未来吃饭好与不好的关键。

这正是宝宝学习吃饭的最佳时机。你索性给他一把小勺，任他在碗里、盘子里戳，一口口地往嘴里送。当然，结果肯定是掉到桌上、身上、地上的比吃到嘴里的多得多。不过不能否认的是，最终宝宝还是能有一两口饭送到了自己的嘴里，这时他就会很兴奋，如果你及时地夸奖几句，他自己吃饭的兴趣就会变得更浓。渐渐地，宝宝吃饭时掉下的食物就少了。经过这样的训练，通常到1岁半以后，孩子就能独立吃饭了。并且，这也是培养宝宝独立性的好方法。

3. 给宝宝准备专座与专用餐具

虽然宝宝还很小，但专人专座却是必须要用到的，这是养成宝宝良好的进餐习惯的基础。父母可为1岁左右的宝宝准备一套婴幼儿餐桌、餐椅，这样的话，即便是爱活动的宝宝也不容易摔着。父母也可在成人餐桌旁给宝宝一个固定的位置，放置婴幼儿专用餐椅，让宝宝坐得舒服。对于宝宝的餐具，除了要不怕摔、安全、小巧、好用之外，还要注意视觉效果，那些色彩鲜艳、造型别致的餐具更能吸引宝宝，激发宝宝的食欲。

4. 在正餐的时间里用餐

孩子在正餐时间不好好吃饭，可是没过一两个小时他就饿了，为了他的健康考虑，父母们经常在非正餐的时间给他食物。而等到下一顿正餐的时间，孩子仍然不饿，仍然不好好吃饭。这就导致父母们在正餐时间与孩子们较劲，而在非正餐时间不得不给孩子加餐的情况。殊不知，孩子一顿不吃并不会对他的身体造成任何的伤害。因此，父母们一定要严格按照正餐的时间点来让孩子就餐，这样他就会明白，在吃饭的时候必须把自己的肚子照顾好，否则就要等到下一顿了。

5. 给宝宝定规矩

在宝宝会走路以后，就对他立点儿吃饭的规矩：吃饭时必须在指定的位置进行，如果四处乱跑，就没有饭吃；结束用餐后再离开餐桌。这规矩实行起来可能不太容易，特别是男孩子，比较好动，哪怕是吃饭的时候，他也总是渴望站起来，或者用屁股蹭来蹭去，要不然就下椅子玩一下，然后回来吃一口。对于这样的情况，父母可以在孩子遵守规矩后，给予一定的奖励（非物质的），这样孩子就愿意遵从了。

6. 给孩子适度的选择

和成人一样，孩子在饮食上也会有自己的偏好。当不爱吃某种食物时，会以此借题发挥，拉长吃饭的时间。对此，你可以给孩子一定的自主权，共同商量每天的食谱，让孩子在允许的范围内做出选择。比如："今天咱们是吃冬瓜、菠菜，还是吃豆芽或青椒？""是吃鱼、猪肉，还是吃牛肉或鸡肉？"让孩子在喜欢的食物中，摄取营养元素，只要宝宝能够安安稳稳地坐在桌旁吃饭，得到均衡的营养，就达到了目的。

父母需要注意的是，给孩子的选择范围不要太宽，一般两三种之中选一个就可以，营养搭配的主动权还在父母手里。你可以和孩子约定好，按照他要求做的饭菜来做，但他必须好好吃，否则下次不再征求他的意见，只能做什么吃什么。如果宝宝两三岁了，你可以带着他一起去买菜，让他帮着择菜，这样他在吃饭的时候，就会关心自己的劳动成果，更加愿意好好坐下来吃饭。

7. 促进孩子的食欲

孩子不饿当然吃不下饭，如果父母只是一味地强迫孩子吃饭，反而会造成相反的结果。父母可以试着加大孩子的运动量，促进孩子的食欲。新鲜的空气和阳光是保证孩子健康成长不可缺少的因素，经常进行锻炼和户外活动能促使孩子食欲的增加和对营养的吸收。父母还可以在用餐前，让孩子看看画报，陪孩子做做游戏，让孩子保持愉快的心情，提高摄食中枢的兴奋性，使消化液分泌增多，从而促进食欲。

让孩子学会主动收拾自己的物品

小宇已经3岁了，可他有一个坏习惯——乱丢东西。小宇用完东西就随手一扔，不但不物归原处，而且还不记得自己把东西扔在了哪里。所以每天都要问奶奶和妈妈："奶奶，我的玩具飞机放哪儿了？""妈妈，我的水枪放哪儿了？"奶奶和妈妈天天围着他转，不是帮他找东西，就是帮他收拾残局。

乱丢东西的心理解读

经常有一些父母抱怨自己的孩子就像小宇一样经常把东西乱丢乱放，以至于把家里搞得乱七八糟。虽然有些父母为此也严厉责骂过孩子，可孩子过会儿仍然会把玩具撒满地板，书本丢得到处都是……这看上去好像只是孩子生活中的小问题，但事实上却会给孩子的生活、学习乃至将来的工作带来不少的麻烦。因为生活上的杂乱无章将会导致以后学习、工作中的无头无绪。孩子之所以缺乏物归原处的意识，主要有以下几点原因：

1. 孩子自身意识薄弱

孩子需要用什么东西时，就会拿出来，用完了只图一时痛快，就会把东西随手一扔，根本没有把物品放回原处的意识，这时的他们还不能理解把物品放回原处不仅能使家里整洁有序，还能方便自己和家人对物品的使用。

2. 家庭环境的影响

有些父母平时就不注重家里的整洁，家里的东西摆放得也是乱糟糟的，孩子在这样的环境中成长，自然不会养成爱整洁、勤收拾的习惯。

3. 父母没有强制孩子收拾东西的意识

很多父母觉得孩子还小，不懂得收拾，等长大懂事了就好了，现在帮孩子收拾也无妨。其实，对于2岁左右的孩子来说，随意乱丢东西，是一个应该教育的问题。否则，很容易让这种不良行为成为习惯。

父母要有意识地培养孩子管理物品的好习惯

在家庭生活中，我们父母应当有意识地培养孩子把自己的物品放回原处、东西摆放有序的好习惯。具体可以参考以下建议：

1. 父母要率先垂范

父母的一言一行会对孩子产生很大影响，并且这种影响往往是潜移默化的，在收拾整理东西方面也不例外。我们要求孩子把柜子和桌上的东西整理好，首先要把自己的物品摆放得整整齐齐；要求孩子把鞋子摆放整齐，首先自己的鞋子不要脱了乱扔；要求孩子把用过的东西及时放回原处，首先自己要做出表率。总之，父母应当起到一个好的带头作用。

2. 为孩子创设一个整洁的家庭环境

一个温馨整洁的家庭环境，往往会潜在地传递给孩子做事整洁、条理清楚的健康信息。反之，一个凌乱不堪的家庭环境，则会让孩子养成随意乱扔、不讲条理的坏习惯。因此，为孩子创设一个干净整洁的家庭环境，比教育孩子如何去做更有价值。

3. 给孩了学习的机会

当孩子一开始把玩具等物品摆放回去时，可能不会放得很整齐，父母一定要包容这样的情况，慢慢引导，应该先鼓励他“放”的动作，然后才要求“放好”。聪明的父母不妨花点心思，比如将放玩具的箱子以不同颜色区分开来，请孩子依颜色把玩具摆放在应放的位置等。

4. 形成一个每天打扫整理的惯例

一般来说，一天所造成的混乱是容易处理的，可是每天加起来的混乱就会让状况变得越来越不可收拾！因此，最好的方法是，每天找一个固定的时间进行打扫整理。比如，在吃完晚餐后，或者准备睡觉之前。一开始，父母可以带着孩子一起收拾，让这段时间变得更加有趣一些。几周过后，孩子就会慢慢养成每天收拾的好习惯。当孩子养成整理东西的习惯后，他就会发现不再需要浪费时间去找东西了，而可以有更多的时间来玩耍。

5. 父母要抓紧时机表扬孩子

当孩子帮忙收拾玩具、摆放东西，或者主动把用过的东西放回原位时，父母应该抓紧时机，立刻夸奖孩子，比如可以说：“宝宝真棒！可以自己收拾玩具了！真是爱整洁的好孩子！”这样，孩子就会更加愿意收拾东西，从而强化这个行为，慢慢地，乱丢东西的坏习惯就消失了。

6. 让孩子感受下不收拾东西的后果

在平时，父母应经常教育孩子把东西放置有序，让孩子养成自觉收拾东西的良好生活习惯。有时孩子可能会因为乱放乱丢而找不到自己的东西，这时父母先不要帮孩子寻找，“惩罚”孩子感受一下不按顺序摆放的后果，然后再帮他找。这样，他就会知道乱放东西的不好之处，以后就会多加注意了。

家有“小小电视迷”

电视机是每个家庭必不可少的电器，现在的儿童都很喜欢看电视，使得很多父母都产生了这样的烦恼：孩子总是目不转睛地盯着电视中的动画片，即使叫他吃饭，他也无动于衷；如果你关掉电视，他会马上又打开；如果你强制不让他看，他就会大哭大闹。

的确，连成人都抵制不了电视的诱惑，更何况是小孩子呢？可是，长时间看电视对孩子的眼睛又不好，到底该怎么办呢？

看电视的利与弊

首先说下看电视的有益方面。好的电视节目有利于儿童的启蒙教育，能让孩子的感知能力得到发展，使孩子语言能力提高，增长知识，开阔眼界，有利于孩子更全面地认识社会，对孩子大脑的开发也有很大帮助。

虽然看有益的电视节目对孩子有一定的好处，可是看的时间长了，不但会损害孩子的视力，还会影响孩子的身心发展。

1. 视力下降

看电视是属于画面整体认知，电视画面往往将人的视线相对集中于一个方向，看电视时人的眼球一般处于静止状态，这对儿童的视力发展是很不利的。幼儿时期正是眼睛形成固定折射的时期，眼球的前后径短，晶状体尚未发育成熟，睫状肌很娇嫩，如果长时间看电视，就减少了练习眼球运动的机会，进而就会导致视力下降。

2. 身体发胖

孩子看电视的时候一般都是坐着，那样所消耗的能量要比参加户外活动所消耗的少得多。再加上孩子在看电视的时候常常会吃很多零食，吃多了还不动，就会造成热量过剩，最终导致发胖。

3. 社交能力差

如果孩子把大量的时间都用来看电视，那与外界交流的机会自然就会变少，社交能力也会大大减弱。长时间与电视为伴，会使孩子的性格变得孤僻。对电视的关注会让他们忽略朋友，不愿意与人交流，这种情况如果不及时纠正，那么孩子将来就会很难与人相处，难以适应社会。

4. 影响创造力和想象力的发展

看电视占去了孩子大部分的活动时间，同时也减少了他们读书、游戏的时间。然而这些活动对孩子创造力和想象力的发展非常重要。在阅读时，孩子需要通过自己的努力去设想文字描写的情景，在这个过程中，其创造力和想象力就会在无形之中得到培养；在做游戏时，通过不断实践，发现解决问题的方法，使得孩子的创造力也得到发展。可是，电视把现成的情景摆在儿童面前，他们既不用费心去想象，也不用费心去创造，而是直接接受，那么他们的思考能力就会下降，而且创造力和想象力的发展也会受到影响。

预防孩子成为“电视迷”

现在，我们已经知道了电视对儿童成长的负面影响，那么，我们在平时的日常生活中，对此就要加以重视，以防孩子成为“电视迷”。具体应该怎么做呢？

1. 父母要以身作则

父母自身要有良好的生活方式，少看电视，给孩子做一个好榜样。父母不要把孩子交给电视这个不花钱的“保姆”，平时应当多陪孩子阅读、运动、郊游，给孩子的健康成长创造一个良好的家庭环境。

2. 要限制看电视的时间

如果孩子还不到2岁，尽量不让他看电视。如果一定要看，那就把他看电视的时间分成一个个10～15分钟的时间段。超过这个时间，他就必须休息。如果孩子满2岁了，则可以把他每天看电视的时间延长到半个小时，之后也需要休息。需要注意的是，不要在宝宝的卧室放电视，吃饭的时候，要把电视关掉。

3. 选择平和、安静的节目

要带孩子看节奏较慢的电视节目，这样孩子才会有时间思考他正在看的内容，理解、吸收其中的信息。可以选择强调互动的简单儿童节目，并鼓励宝宝跟随电视里的人说话、唱歌或者跳舞。要注意的是，不要让孩子观看有恐惧、暴力镜头的节目，因为有研究表明，这种节目更容易导致孩子表现出攻击性行为。

4. 要有坚决执行规则的能力

如果孩子在规定看的电视节目结束后能主动关掉电视，就要及时鼓励并赞赏孩子，让他知道父母的态度，并体会到能控制自己欲望和行为的愉快感受。如果孩子在节目结束后没有关掉电视的举动，父母也不要过多地指责或者给孩子贴上一个“自控力差”的标签，而应该心平气和地提醒孩子关掉电视。在这种情况下，如果孩子能按照父母的提醒执行，也要进行鼓励和赞赏；如果孩子耍赖，那么父母就应当心平气和地默默关掉电视。

教孩子跟“小磨蹭”说拜拜

亮亮3岁半了，可是他有一个让妈妈非常担心的坏习惯——磨蹭。亮亮无论做什么事情，都不紧不慢的。每天早晨都会上演这样一幕：

“亮亮，快起床了，都8点了，再不起来就该迟到了。”妈妈一边急急忙忙地帮亮亮收拾书包，准备早餐，一边喊亮亮起床。

“妈妈，让我再睡一会儿吧，我好困啊！”

“不行，快点吧，马上就要迟到了！”

5分钟过去了，亮亮还没有起床，妈妈又开始催。过了10分钟，亮亮才穿好一件上衣，却躺在床上看起了幼儿绘本。

“亮亮，都8点半了，马上就要迟到了，快点吧。”妈妈有点无奈了。可是亮亮仍然无动于衷。于是，妈妈气得亲自上阵，帮亮亮把裤子、鞋子穿上。可是由于太着急弄疼了亮亮，亮亮就哇哇大哭。

等折腾完了，都快9点了，为了不迟到，早餐只好在路上吃了。可是亮亮最后还是迟到了十几分钟。

妈妈不由得发出这样的慨叹：“起个床就像打仗似的，这孩子怎么这么磨蹭呢？”

孩子做事磨蹭，相信不光是亮亮的妈妈有这样的烦恼，很多父母都有。尽管你软硬兼施，可是孩子依然慢吞吞地跟不上大人的节奏。

孩子磨蹭有原因

孩子做事情时总是慢吞吞的，父母看在眼里真是又气又急，恨不得帮孩子把所有的事情都做完。可是，父母们有没有想过，孩子为什么会这样慢吞吞呢？

其实，有些孩子天生的性格就属于慢吞吞型的，这样的孩子并不容易改变，反而是父母需要花费更多的时间和心思来关注他的需要。性格外向的孩子通常都是积极、乐观、迅速的，对一些活动总是充满好奇和活力；而性格内向的孩子表现出来的则是畏缩、沉默、害羞的个性，做起事情来，也是慢腾腾的，甚至学习效率也比其他孩子低。

需要注意的是，天生慢吞吞的孩子，也有其细致谨慎、从容不迫的一面，所以不能一概说他不好，或者把他当作有问题的孩子。对待这样的孩子，父母要耐心引导，让孩子在保证做事质量的前提下，提高做事的速度。另外，还有一些孩子并非天生的“慢性子”，这其中是有原因的。

第一，孩子处于动作发展期。通常来说，处于动作发展期的孩子会有手脚不灵活、不协调的表现，这是由于其神经、肌肉的活动还不协调，同时缺乏一定的生活技能，所以导致他做事情比较缓慢。

第二，孩子对需要做的事情缺乏兴趣，就会用磨蹭来拖延。比如，让孩子看喜欢的动画片，没几天就能看完；而让孩子收拾玩具，他就会磨磨蹭蹭的，任你三催四请，直到马上就要“爆发”时，他才会稍微把动作加快一点，等你稍微一不注意，他就又会放慢速度了。

第三，注意力不集中。3岁之前的孩子对周围的一切事情都很感兴趣，所以总会被眼前的事吸引而忘记了手头的事。就像上例中的亮亮在穿衣服的过程中，注意力被幼儿绘本书吸引，所以浪费了很多时间。

第四，孩子的时间观念差，做事情缺乏紧迫感。

第五，家庭环境影响。如果父母和家庭其他成员是慢性子，那么孩子十之八九也会是慢性子。

第六，现在的孩子享受了父母太多的精心照料，生活中的许多事情都由大人代劳，于是便习惯性地形成了对父母的过分依赖，即使是面对一些需要自己完成的事情，他也会不紧不忙地磨蹭，等待父母的援助之手。

帮孩子跟拖延说“拜拜”

很多时候，当孩子做事拖拉时，一些父母会表现得比较性急，提高嗓门冲孩子嚷，对孩子责备不停，有的甚至打骂孩子。这些简单、粗暴的方式实际上起不了多少作用，孩子看上去像是被吓住了，做事的速度加快了，但是一旦风平浪静之后，孩子照样拖拉。因此，要想让孩子不拖拉，父母要保持一种平和的心态，运用正确的方法来引导孩子。

1. 给孩子做好榜样

如果父母也有磨蹭的毛病，一定要改，要养成雷厉风行、干净利索、动作迅速的做事习惯。父母有了良好的行为典范，才能让孩子有一个好的学习对象。

2. 比赛法

父母可以和孩子进行比赛，比如看谁穿衣服快，谁叠被子快，谁洗脸快等。同时，父母要给孩子设计一张“比赛”成绩表，记录每天做事情所用的时间。如果有进步，就给予奖励；如果没有进步，就不给予奖励。

3. 利用兴趣激发法

父母可以选择孩子平时最爱听的故事、最爱玩的游戏、最爱看的动画片等，来激发孩子做事的兴趣，促使孩子快速行动。比如孩子爱听故事，父母可以对他说：“你快点把玩具收拾好，我们就可以将昨天的故事讲完了。”利用这种方法时，要注意不能用谎话欺骗孩子，答应的事情一定要兑现，否则，不但达不到目的，还会对孩子良好品格的形成带来消极的影响。

4. 训练孩子的“手”上速度

孩子因为动作不熟练、缺乏操作的技巧以至于做事慢，父母可通过教给孩子一些基本的技能，让孩子的动作快起来。比如，怎样穿衣服才能穿得更快，怎样洗漱才能不浪费时间，怎样整理玩具才能取用方便，学习用品摆放要分门归类，等等。孩子找到了方法，速度自然就提高了。

5. 适当给予鼓励和夸奖

表扬和鼓励比批评和指责能更有效地激发孩子的积极性，孩子受到的表扬越多，对自己的期望也就越高。一般的孩子都较为看重来自外界的认同，所以，要想让孩子不再磨蹭，父母改变对孩子的评价是必需的。

比如，父母如果说“你快点行不，慢死了”“你这孩子怎么这么笨啊”等消极、否定的话语，会让孩子做起事情来变得更加惶恐不安。紧张的情绪也会导致动作变慢，而且容易出错。而父母如果对孩子说：“你如果再快一点儿就更出色了！”“你现在比过去有进步了！”“你看你做得多快！”“做得真棒，加油啊！”孩子便会受到正面的外部刺激，而这些真诚的鼓励是能够打动孩子的，孩子为了不让父母失望，下次做事就会有意识地提醒自己快点儿。

另外，为了使孩子更有动力，当他做事的速度比以前加快时，或者当他达到了大人的要求时，父母还可以适当地给予一些奖励，如给孩子加一颗小红星、带孩子外出游玩、给孩子买他想要的玩具等。用鼓励和奖赏来“催”孩子做事，往往能够收到很好的效果。

6. 让磨蹭付出代价

孩子只有在体会到磨蹭会给自己带来损失之后，他才能够自觉地快起来。因此，让孩子为自己的磨蹭付出代价，让孩子自己去品尝磨蹭的自然后果，不失为一个改掉孩子磨蹭毛病的好方法。比如，孩子赖床，父母不要急，也不要去帮他，可以提醒他一下“再不快点可要迟到了”。如果他依然在那里磨磨蹭蹭的，不妨任由他去，故意让他迟到一次。如果孩子真的迟到了，老师肯定会询问他迟到的原因，孩子挨了批评，尝到了拖沓的苦果后，自然就会想着以后要加快速度了。

7. 拒绝包办代劳

要想让孩子不再拖沓，父母不能因为看孩子干得慢就包办代替，必须剔除对他的多余的关爱，让孩子对父母不过分依赖。对于孩子分内的事，父母一定要让孩子亲自去做，要做到“管放结合”。管，就是在孩子做某件事时，若遇到困难，要给予恰当的指导；放，就是放手让孩子去做，如果孩子出了一点小差错，也不要心急，应该让孩子慢慢摸索着完成事情，这样孩子在做的过程中就能锻炼能力，做事的速度也就会越来越快了。

8. 帮孩子认识时间的价值

孩子做事磨蹭很大程度上也因为他还没有时间观念，他不知道时间对他来讲意味着什么，因此，对磨蹭的孩子来说，培养时间观念是至关重要的。父母可以给孩子讲一些古往今来的成功人士十分珍惜时间的故事，还可以在孩子的卧室里张贴一些名言警句来提醒孩子珍惜时间。

孩子不再“马大哈”

宁宁上小学二年级了，学习成绩不错，可就是有一个毛病——总是丢三落四。不是上学前把需要带的东西落家里了，就是在学校把钥匙、手套等东西丢了。

一天晚上，妈妈特意提醒宁宁：“宁宁，明天去参加夏令营，走时千万别忘记该带的东西啊！”

“好的，妈妈，知道了。”宁宁嘴上虽然说知道了，可却没放在心上。第二天一早，他简单地收拾了一下，就去上学了。可是半个小时后，宁宁便气喘呼呼地跑回了家里。

“又怎么了，宁宁？”妈妈有点疑惑地问。

“妈妈，我又忘记带水壶了！到学校时，我看到别的同学都拿着水壶才记起来。”

“唉，你这孩子，丢三落四的，真是一个马大哈。”妈妈有点无奈地摇摇头，叹息道。

我们经常会听到一些父母抱怨：“我家孩子太粗心，考试时竟然忘记写名字了。”“我家孩子上学，竟然忘带文具了，有时还忘了带课本，整天丢三落四的，可怎么办好呢？”

“丢三落四”有原因

“丢三落四”的毛病普遍困扰着孩子与父母。面对这个毛病，父母多是反复数落提醒，可是似乎起不到什么效果。

一般来说，“丢三落四”的孩子有这样一些特征：独立性差、依赖性强、粗心大意、毛毛躁躁等。是记忆力有问题吗？显然不是，这些丢三落四的孩子用心记忆的时候并不差。那么，孩子为什么总丢三落四呢？究其原因，主要有以下几点：

1. 注意力不集中

有的孩子在幼儿期，其父母不注意对孩子进行专注力训练，让孩子一边看电视一边摆弄玩具，或者边听故事边画画，孩子经常一心二用。长此下去，就形成了恶性循环，从而导致孩子做事情时总是无法集中注意力，漫不经心，丢三落四。

2. 父母包办代替

当孩子找不到东西时，父母的关注总是“非常及时到位”，事事都为孩子想周全，这样一来，孩子就必然“记不清东西放在哪里了”，事事都想不周全，反正父母早就为自己考虑周全了。

久而久之，就养成了依赖性，什么也不用考虑，进而导致马虎习惯的养成。

3. 受心理因素的影响

一般来说，心理不稳定、容易激动和紧张也是孩子粗心的原因，即大家平时常说的“心理素质差”。比如，在考试中，有些孩子就是因为太紧张而粗心，从而出现了不应该出现的错误。

正确引导，让孩子告别“马大哈”

孩子粗心、马虎、丢三落四的毛病，不但会影响他的生活，还会影响他的学习成绩，甚至有可能影响他将来的工作。因此，作为父母，一定要注重培养孩子细心做事的好习惯。

1. 给孩子成长的机会

对于拥有一定行为能力的孩子，父母应当及早开始，逐步减少包办代替，让孩子自己管理自己。比如让孩子养成自己的物品自己保管的好习惯，自己整理书包、收拾房间、清点财物，减少对父母的依赖。久而久之，孩子就不再丢三落四了。

2. 关注孩子行为习惯的养成

东西摆放要分门别类，工具使用完要放回原处，出门之前要清点随身物品……类似这样的生活习惯，父母应该从小开始培养。另外，父母也要以身作则，创建有序的家庭生活环境，和孩子共同维护。习惯了井井有条，孩子就不容易“马大哈”了。

3. 培养孩子良好的认知和视觉辨别能力

在孩子的幼儿期，父母可以让孩子多做一些精细和对比训练，比如“找不同”，即找两张相似的图，让孩子把两张图的不同点指出来。这样在实际操作中能让孩子关注细节，并一点点提高孩子的认知和视觉辨别能力，从而达到改变粗心的目的。

4. 多给孩子“细心”的心理暗示

如果孩子犯了一点错误，父母就简单归结为粗心，甚至小题大做批评一通，一再地强调孩子马虎粗心，孩子就会真的认为自己粗心。相反，如果父母能及时观察到孩子的细心之处并加以表扬，孩子心理上就会有一种“自己很细心”的心理暗示。同时让孩子看到细心的好处，从而让其产生克服粗心的主观能动性，才能从根本上解决问题。

5. 让孩子自食苦果

必要的时候可以采取“自然后果惩罚法”，让孩子承担自己丢三落四的后果。比如，孩子因丢三落四没有带上课的学习用品，一定不要给他送去，让他因此吃苦头。孩子因粗心总是弄丢文具，一定不要立马就给他买，让他自己去找。如果实在找不到了，就让他用自己的零用钱去买，如果零用钱不够可以父母先垫，然后用零用钱“分期付款”，再不然，用做家务来抵偿。一旦孩子发现丢三落四的后果是痛苦的，他就会自觉珍惜身边的事物，进而改掉粗心的毛病。

总之，关于孩子丢三落四的问题，只要我们不过于强化，采取恰当的教育手段，相信孩子很快会转变的。在家庭教育中，父母不要事事都替孩子操心，应该相信孩子的能力，有时要故意“事事不管”，才能让孩子调动思维和四肢，自己去管。只要发现孩子的一点点进步，就要多鼓励，这样做下去孩子就越来越能管好自己，慢慢地，丢三落四的毛病就自然改了。

把别人的东西拿回家——只是喜欢不是偷

菲菲3岁了，最近，妈妈发现菲菲的书包里有一些漂亮的玩具，而那些玩具并不是家里的。妈妈心想：这些玩具哪里来的呢？难道是从幼儿园带回来的？还是和小朋友们借的，还是……于是，妈妈便问菲菲，菲菲回答说："这些玩具是幼儿园的，我很喜欢，就拿回来玩了。"

原来，菲菲看到幼儿园里的几个玩具特别好玩，而自己家里没有，就偷偷把玩具装进自己的书包里带回家了。妈妈知道后，就教育她这样做是不对的。

本以为菲菲会知错就改，不再"拿"幼儿园的玩具了，可是没过几天，妈妈又发现了不属于她的小玩具。妈妈很担心，小小年纪就有这种坏习惯，长大了可怎么得了。

孩子的"偷窃"并不是真正的偷窃

3岁的孩子经常偷拿别人的东西并不属于真正的偷窃，真正的偷窃行为发生在6岁至青春发育期之间。

从心理学上来说，孩子3岁之前出现这种"偷窃"行为，是"占有欲”在作祟，是一种正常的心理现象。对3岁左右的孩子来说，他对“你”“我”“他”的概念还不是很清晰，在他的思维里，认为“只要我喜欢，就是我的”。

即使他模糊地知道什么是对的，什么是错的，但有时还是不能约束自己的行为，总是希望拥有自己喜欢的东西，并且想办法得到它。但随着年龄的增长，通过教育，孩子这种“以自我为中心”的意识会逐渐淡薄，“占有欲”也会逐渐减少和消失。

另外，孩子拿不属于自己的东西，还有其他两种原因。第一，为了吸引别人的注意而“偷窃”。现在很多家庭，父母工作繁忙，对孩子投入感情过少，使得孩子缺少关心。孩子为了吸引父母的注意，就会去拿不属于自己的东西，来满足自己的情感需求。第二，发泄心中的不满。有时孩子“偷”东西，还可能是借此来发泄心中的不满。比如几个孩子在幼儿园里因抢一件玩具而发生争执，最后没得到玩具或受批评的孩子心中就会产生不公平的感觉，这时他可能就会通过“偷窃”把玩具据为己有的方式来发泄心中的不满。

当孩子拿不属于自己的东西时，父母怎么做

俗话说“小时偷针，长大偷金”，所以当孩子出现这种行为时，父母不能放任不管，以免他的这种行为演变成偷窃行为。需要注意的是，对孩子“偷窃”行为的制止，要在分析具体心理原因的基础上进行，对此幼儿专家提出以下建议，供各位父母作为参考。

1. 不要“审问”孩子

当父母发现孩子有了新玩具或其他东西时，父母一定要控制住自己的情绪，保持心平气和的心态，不要“审问”孩子。因为这样只会给孩子造成心理压力，甚至逼迫他说谎。父母应当鼓励他把事情的经过和自己的真实想法说出来，这样才更有利于解决问题。

2. 告诉孩子别人的东西不能侵占

在实际生活中，父母要告诉孩子，别人的东西必须经过主人的同意才可以玩，才可以拿。如果没有经过别人的同意就“偷拿”是不对的行为。并且，父母也可以有意识地培养他一些待人接物的方式，比如，如果想要玩别人的玩具，就要学会说“你的飞机能借给我玩会吗”等礼貌用语。

3. 动之以情，激发孩子的同情心

晓之以理后，父母也要试着让孩子感受别人因心爱的东西不见了的伤心难过的情绪，来诱发孩子的内疚感，使孩子对“受害者”产生同情，就能更有效地矫正孩子的“偷窃”行为。

4. 不可严加管教

当孩子“偷拿”了别人的东西后，父母不要用惩罚的方式教训他，因为强烈的管教方式，反而会让“偷窃”成为他强烈的心理需求，从而使他变本加厉地“偷拿”别人的东西。

其实，在孩子的概念里，并没有“偷窃”的概念。所以，对于孩子所谓的“偷窃”行为，父母不可严加管教，也不要给他贴上“小偷”的标签，以免伤害他的自尊心。

5. 鼓励孩子归还别人的东西

当孩子偷拿了幼儿园或者其他小朋友的物品时，父母除了让他分清对错、具备是非观念外，这件事的处理结果也非常重要。父母应该鼓励孩子主动归还物品。当然，归还之前一定要让他明白道理，从而让他做出自愿归还的行为。

6. 给孩子更多的关爱

对于为了吸引父母的注意而去“偷”的孩子，父母应该把更多的感情都投到孩子身上，给予孩子更多的关爱，这样孩子才能感受到自己是受重视的，就不会再去“偷”了。

宝宝热爱有秩序的生活——秩序敏感期到来了

园园快3岁了。妈妈发现，园园最近好像变得很固执。

一天，妈妈拉着园园的小手正准备出门，可园园突然挣脱妈妈的手，朝鞋架跑了过去。她先是把地上的鞋一一配对，然后又把它们一双一双地放回了鞋柜里。

妈妈站在门前让园园别弄了，回来再放好。可是无论妈妈怎么说，园园都不听，等到把鞋子都放好了后才肯走。

有时，当妈妈收拾屋子时，不小心把放在园园床头的一排布娃娃原先的摆放顺序打乱了。园园看到之后就不乐意了，非要把布娃娃按照原来的顺序摆放好。

听到门铃响了，必须是她来开门。如果别人开了，她就会哭着要求大人出去，然后自己重新再开一次。

园园诸如此类的行为让妈妈十分不解："为什么孩子会变得这么不听话了，没事找事呢？"

相信很多父母都碰到过和园园妈妈类似的经历。很多父母把孩子的这种行为理解为“没事找事”“故意找茬”，于是，就开始不断地批评孩子。殊不知，孩子的这种行为是一种正常现象，因为他的秩序敏感期到来了。

解读孩子的秩序敏感期

著名的儿童教育家蒙台梭利在《童年的秘密》一书中，提到了宝宝0～4岁这一时期是对秩序最敏感的时期，因为他需要一个有秩序的环境来帮助他认识事物、熟悉环境。一旦他所熟悉的环境消失，就会令他无所适从。

有一对夫妇常年带着他们未满3岁的宝宝旅游，有一次走到一座城市，住的旅馆没有婴儿床，他们就将宝宝放到大床上与他们一起睡。可是之后宝宝就开始大哭不止。后来，这个孩子竟然出现抽搐现象，全身乏力。父母无计可施，只好请了医生，而与医生同来的还有儿童心理学家和教育家蒙台梭利。蒙台梭利看了看孩子，问了问情况，便将两个成人的枕头摆成一个小床的样子，在两个枕头中间留出一个空隙，上面铺上一层床单。然后把大哭不止的孩子放到两个枕头中间，想不到的是孩子马上停止了哭泣，不一会就安静地睡着了。至此，孩子的病也奇迹般地好了。父母这时才明白，原来孩子是因为失去了他熟悉的婴儿床才会哭闹不休的。

儿童把他出生时所在的环境固定为自己的秩序形式，这种形式就是他对秩序的需要和认识。一旦这个秩序被打乱，儿童就会哭闹乃至生病。

蒙台梭利认为，幼儿具有内部和外部两重秩序感。内部秩序感能让幼儿意识到自己身体的不同部分与它们所处的相对位置，外部秩序感则是指幼儿感知、理解外部世界存在的规律与关系。

一般来说，秩序敏感期呈螺旋式上升，分为三个阶段：首先是幼儿因为秩序遭到破坏而大声哭闹，秩序一旦得以恢复就会安静下来；其次是为了维护秩序而说“不”，自我意识开始萌芽；最后是为了维护秩序而执拗，一切都要重新来一次。

1～3岁的幼儿由向内的秩序感逐渐转向向外的秩序感，有强烈的追求外在事物秩序化的欲望，对物品摆设的位置、动作发生的顺序、物品的所有权等有着近乎苛刻的要求，如果遭到破坏就会感到不安、焦虑，甚至会表现出极端的激烈反应。由于幼儿在这一时期的难以变通甚至不可理喻，因此这一时期也可以称为执拗敏感期。

执拗敏感期过后，在3～4岁会出现追求秩序完美的关键期，可称之为完美敏感期。接着，幼儿对秩序的敏感会上升到对规则的要求：不管在什么地方，我遵守规则，你也必须遵守规则，人人都要遵守规则，并且逐渐从服从规则转变为能把一些生活常规内化。

秩序敏感期对孩子至关重要

当婴儿出生之后，在他的周围就有了一个相对于子宫来说更加广大的空间。由于对于周围环境的未知未卜，他会产生一种对环境的控制欲望，这种欲望就是对秩序感的需求。只有一遍遍重复原有秩序，才能不断巩固安全感。直到孩子把握了秩序的恒定性，内化了守恒概念，知道在一定范围内秩序即使改变了也不会影响后果，他才能进一步发展。

没有了秩序感就像在森林中迷路一样，让人摸不着头绪，总是忐忑不安地不知道下一步会碰到什么状况。因此，孩子若从小就生活在毫无秩序，且杂乱无章的环境中，他的情绪及人格发展，甚至专注力，都会受到影响。我们看到有不少两三岁的孩子无法将精力集中在任何一件事情上，也无法持续地完成一项工作，他们到一个地方，只要看到有好玩的东西，想也不想，看也不看，冲过去就抓，抓着了还没玩几分钟，就毫无理由地扔掉，再去抓下一个。这样的孩子一般是秩序感被破坏掉的、内心紊乱的孩子。

秩序感还是道德意识的起源之一。当一个孩子由于没有摆好整齐的积木块而焦急、为了掰成两半的面包而大哭时，那是因为他认为整齐、完整是“对”的，凌乱、两半是“错”的。事物有了“对错”之分，行为自然也有“好坏”“正误”之分，孩子的自律感应运而生，孩子开始意识到什么是“标准”“正当”的，开始把行为和后果联系到一起。从这一点来讲，秩序敏感期对孩子道德意识的形成有至关重要的作用。

0～4岁这个年龄段，是孩子秩序感形成的敏感期。秩序是生命的一种需要，也是影响一个人终生的一种习惯和品质。孩子一旦顺利度过秩序敏感期，就会形成比较好的秩序感。这种美好的品质，会体现在孩子上小学、中学、大学的阶段。在求学阶段，孩子的书包和学习用品会收拾得整齐，孩子不会找不到东西或漏掉老师布置的作业，在学习中有条理地安排和使用时间。参加工作以后，他们会分清工作主次，知道哪些是最重要的，哪些是重要的，哪些是比较重要的，哪些是次重要的，他们会抓住学习和工作的重点，成就更好的自己。

帮孩子建立秩序感

我们已经知道了秩序敏感期对人一生的发展至关重要，因此，在孩子的秩序期内，父母一定要有足够的爱心和耐心来引导他，帮助他建立秩序感，而不是横加阻挠。那么，父母具体应该怎么做呢？

1. 父母要有耐心，理解并尊重孩子

父母要知道，秩序敏感期是孩子成长过程中难以逾越，甚至是不以他们的意志为转移的阶段。当孩子看到各种秩序被破坏后而大哭大闹时，父母不要大声批评，不要觉得孩子太过计较而嫌他麻烦，而应该给予孩子尊重与理解，密切关注、倾听孩子的要求，并予以积极回应。

如果孩子产生的是合理的或非原则性的需求，要理解孩子的情绪，孩子如果坚持按照自己的方式去做，父母就不必勉强他，顺其自然就好。对于原则性的需求，如果不能够满足孩子，就需要灵活变通，通过拥抱、讲道理、转移注意力、寻找替代目标等方式平息孩子的情绪，千万不要蛮横“镇压”。

2. 给孩子提供一个井然有序的环境

蒙台梭利认为，如果父母没有给孩子提供一个有序的环境，孩子就不能建立起对各种关系的知觉，当然孩子的智能也无从建构。所以，家里的日常用品最好摆放有序，每次使用完之后一定要注意及时归位。孩子的东西更要注重摆放有序，父母不要随便更改它们的位置。尽量不要对孩子居住的环境做太大的改变，比如频繁地为孩子更换床铺、居室、生活环境等，特别是长途旅行时一定要特别注意。即使不得已，也要给孩子一个适应期和过渡期，并且为孩子可能出现的不适应做好各方面的准备。

对于处在秩序敏感期的孩子，父母还可以引导他们自己收拾玩具和日用品，这不但能让孩子养成整洁有序的习惯，还能使孩子获得更完善的成长空间。

别让尿床伤了孩子

孩子尿床是每一位父母都会遇到的事情。尿床是孩子的特权，不过这项特权也是有期限的。孩子在2岁之前，由于神经系统没有发育完全，大脑不能控制排尿行为，加上膀胱括约肌没有发育好，排尿的良好习惯尚未养成，所以偶尔会出现尿床的情况。随着孩子的成长，各个器官发育渐渐完善，尿床的现象也会随之消失。

尿床原因分析

一般来说，绝大多数孩子到了3岁时就会养成排尿习惯，能自己控制小便，可是仍有一些孩子会不断地出现尿床现象。当孩子尿床成为习惯时，也就成了父母的一块心病，是令父母非常头疼的事情。不过，大多数孩子尿床并不是疾病，而是一种机能性的问题。父母应当先找到孩子尿床的原因，然后采取有针对性的相应措施对孩子进行锻炼，这样就可以纠正孩子的尿床习惯。孩子习惯尿床，主要有以下几种原因：

1. 遗传因素

有些孩子尿床有遗传因素，如果孩子的父母双方或单方曾经习惯尿床，那么他们的孩子爱尿床的概率则会达到77%。

2. 某些疾病引起

引起孩子尿床的疾病大致有蛲虫症（虫体对尿道口的刺激）、尿道口局部炎症、尿路感染、肾脏疾患、脊柱裂、脊髓损伤、骶部神经功能障碍、癫痫、大脑发育不全、膀胱容积过小等，但因病引起的遗尿只占很小的比例。

3. 心理因素

孩子入睡前玩得太累或兴奋过度、白天曾受了惊吓或者与他人发生过争执、父母吵架等均可导致孩子尿床。另外，有些孩子在幼年时期没有养成自己控制排尿的习惯，一旦尿床就遭到父母的责骂，精神总是处于紧张的状态，从而使症状不但不减轻，反而加重。

4. 父母照顾不周

由于父母没有给孩子及时地进行排尿训练，在孩子夜间有便意时没有及时把尿，而是长期使用一次性尿布，导致孩子对排尿的行为没有敏感的反应。另外，孩子的内裤太紧、局部没有清洗尿渍刺激、睡前喝水过多、突然变换新环境、气候突然变冷等，也是孩子容易尿床的原因。

应对尿床有方法

国际卫生组织跟踪调查指出，尿床会严重危害儿童的健康成长。长期尿床会直接导致儿童害羞、缺乏自信心、处事能力差、恐惧集体生活，许多孩子甚至出现偏执、自卑等心理障碍。所以，父母一定要重视孩子尿床这件事情。父母可以从以上几个方面来找出孩子尿床的原因，从而采取针对性措施来纠正孩子的尿床习惯。下面提供几个方法以供父母们参考。

1. 睡前预防

如果孩子平时尿次比较频繁，不能坚持睡一整晚，就要做一些预防工作，这样才不会影响孩子的成长。

现代医学证明，健康人之所以在长时间睡眠情况下不会尿床，一个重要的原因是人在睡眠时会产生大量的血管升压素，对泌尿器官制造尿液的多少起控制、调节作用。所以，一个晚上叫醒孩子1～2次即可，否则会打乱睡眠规律，导致血管升压素分泌紊乱，出现尿床问题。另外，睡前不要让孩子喝太多水，也不要吃太多水果；有睡前喝奶习惯的孩子，也应尽量改变；睡觉前，督促孩子小便，不要憋尿睡觉；晚餐吃得清淡点儿，不要咸了，以免孩子口渴起夜喝水。如果赶上哪一天孩子出去玩累了，或者吃了较多的水果、喝了过量的水，父母可以给孩子穿上纸尿裤，这样就会减少尿床行为对孩子的影响。

2. 不要施加压力

尿床后，孩子也会害羞、自卑。此时父母越是斥责、教训、抱怨孩子，孩子就越会有压力，越容易尿床。所以，对于孩子尿床的事情，父母不要给予过多的斥责，要知道孩子尿床是“身不由己”的事情。应当以亲切的态度给孩子更多的安慰和鼓励，帮助他们树立解决尿床问题的信心。

3. 从小培养排尿好习惯

日常生活中，父母要积极引导孩子养成良好的排尿习惯。每个孩子的排尿功能都有一些个体差异，所以对于排尿训练的时间不应抠得太死，不过还是有一定规律可循的。

（1）0～12个月：使用尿布和尿不湿。由于这个年龄段的孩子的大脑、神经、肌肉尚未发育成熟，所以不适宜过早对孩子进行排尿训练，以使用尿布或尿不湿为宜。

（2）1～2岁：白天把尿与夜里用尿不湿相结合。1岁以上的孩子已经会有尿意而要排尿了。此时由于孩子的膀胱容量小，排尿次数较多，所以应该每2小时左右给孩子一次排尿机会。同时也可以给予一定信号，如吹口哨声，用以提醒孩子排尿，以避免因长期使用尿布而引起的任意排尿习惯。白天可以不用尿布或尿不湿，不过夜里仍要用尿布或尿不湿。

（3）2～5岁：白天主动、晚上被动排尿。一般来说，这个年龄段的孩子白天都能控制排尿，但夜间尚不能完全控制。因此，要教会孩子，白天一有尿意时，就要主动告诉父母，然后父母带孩子去厕所排尿。注意即使用便盆，也要把便盆放在厕所里，以防止孩子养成随地大小便的习惯。夜里时，父母仍需叫醒孩子排尿，原则上晚上可以不用尿布或尿不湿。

（4）5岁以上：可以独立上厕所。5岁多的孩子已经可以自己脱裤子、提裤子和擦屁股了，所以父母可以让孩子独自上厕所。在训练孩子独立大小便的过程中，即便有时孩子做得不够好，父母也应该鼓励孩子自己完成，从而为孩子将来独立生活打好基础。

另外，父母在训练孩子排便时，还应注意一些事项：夜里叫醒孩子排便次数频繁会造成反效果。比如，有的父母一个晚上要叫醒孩子3～4次，结果导致孩子的膀胱得不到必要的扩张，膀胱的最大容量得不到增加，也会引起尿床。而有的父母一到晚上，就给孩子垫上尿布或尿不湿，然后就不管不问了，这样孩子就会因膀胱得不到必要的训练而导致尿床。还有些父母晚上把孩子弄醒，要孩子排尿，不论孩子怎么挣扎、哭闹，不排尿就不许孩子离开便盆，这样会使孩子对排尿产生恐惧、紧张的心理，同样不利于培养有规律的排尿习惯。

总之，希望父母们明白，对于孩子尿床这件事，父母越是关注，孩子尿床的现象就会出现得更频繁。相反，当父母表现出轻松、宽容、不在意的态度时，孩子的尿床次数反而会逐渐减少甚至完全不再尿床。

Part 5
处理好“糟糕”行为，妈妈从此不会再头疼

随着孩子慢慢长大，会出现一些“糟糕”行为，让父母头疼不已，不知应该如何教育引导。其实，孩子表现出的任何一种行为，都透露着他奇妙的内心世界。父母只要了解了孩子行为背后的心理密码，并加以引导，其行为就会往好的方向发展。

喜欢抢别人的东西——自我意识开始萌芽

豆豆2岁了。有一次，妈妈带他去参加朋友的聚会，几家人的孩子在一起玩得很开心。可是没过多长时间，就听到了争执的声音，几位妈妈马上过去看个究竟。原来豆豆喜欢另一个小朋友的玩具，非要抢过来玩。妈妈上前拿过玩具还给了小朋友，豆豆便开始大哭大闹。其他妈妈都过来劝，最后为了能让豆豆停止哭闹，妈妈只好答应给他买新玩具，这场闹剧才结束。

平时妈妈带豆豆到小区里玩，虽然豆豆手里有一个玩具，可是当他看到别人手上有自己喜欢的玩具时，仍会直接冲上去抢。遇到力气小点的小朋友，就是以对方大哭告终；遇到比他大的小朋友，抢不过来，也就作罢了，可那时候已经闹得不可开交了。妈妈觉得，在豆豆眼里，好像玩具总是别人的好。

豆豆总是想抢别人的玩具，可是自己的玩具却看得很紧，碰都不允许别人碰一下。妈妈觉得豆豆太小气了。

自我意识的形成

像豆豆这种情况，相信很多父母都深有同感。在这样的情况下，很多父母都担心是不是对孩子关心不够，孩子长大后会不会成为自私自利的人。其实，这样的担心是完全没有必要的。因为孩子此时的“自私”是一种正常现象，不能因为这样，就给孩子贴上“自私”“小气”的标签。这并不是道德问题，而是这个年龄段孩子的心理发展特点。

一般来说，1～3岁是孩子自我意识开始萌芽的时期，表现为自我中心性。他们往往是从“我”出发，不知道还有“你”“他”的概念。他们认为自己的东西是自己的，别人的东西也是自己的，所以看到喜欢的东西就会拿走，感兴趣的东西就会据为己有。他们的“抢”是没有任何恶意的，是一种很正常的行为。

这个时期的孩子只是意识到自己的力量与独立存在，还没有意识到别人的力量与存在。当他懂得“我”之外还有“你”和“他”时，他就会意识到“我的”是“我的”，“你的”是“你的”，这种行为就会慢慢改善。

积极引导，正确教养

当宝宝抢别人玩具时，父母不要大惊小怪，更不要训斥他，而是应该给予他正确的指导。那么，父母应该如何做呢？

1. 帮宝宝建立所有权的观念

孩子的自我意识形成是一个从模糊混沌渐渐走向清晰的过程，而外界事物对孩子的刺激在很大程度上决定着自我意识的清晰度。作为父母，我们应该尽早帮助孩子建立所有权观念，在孩子处于“自我中心期”时，给孩子一些必要的指导，从而促使孩子形成良好的行为个性。

比如，当宝宝玩同伴的玩具时，你可以强调一下：“这辆车是弟弟的，你只能玩不能带走，玩一会儿要还给弟弟，你的车在家里呢！”这些话可以让他们尽快建立所有权的观念。

2. 培养宝宝良好的习惯

当宝宝想要拿别人的东西时，很多父母都会采取直接制止的方法，常会说：“这孩子怎么这样，怎么能抢别人的玩具呢？赶紧给人家还回去！”“宝宝，你怎么能打人呢？”其实，这样的话对才三四岁甚至更小的孩子来说是没有作用的。最好的表达方式，还是直接告诉他应该怎么做，让他去尝试。比如可以对宝宝说：“你如果想玩别的小朋友的玩具，你应该先问一下他愿意不愿意，或者，你可以问他是否愿意和你交换玩具玩。”要让孩子确切知道应该怎么做，而不是仅仅告诉他，不能抢别人的玩具。

当孩子的行为表现有进步的时候，父母一定要及时肯定，以此强化他的表现。比如，当孩子不直接抢而是会试探地问下是否可以借玩具玩的时候，父母对于孩子的表现要给予及时表扬。这样，孩子才会进一步明确怎样做才是正确的。

3. 教孩子学会分享

2岁左右的孩子，常常不情愿把玩具给别的小朋友玩，这是正常心理。当其他小朋友想玩他的某个玩具时（特别是他正在玩的玩具），父母不应强制他“礼让”给别人。如果每次你都要他不情愿地礼让，孩子会觉得，不仅是小朋友，就连大人，包括自己的父母都想抢走他的东西，这会促使他的占有欲更强。

父母应该引导他愿意和别的小朋友玩，从中再想一些可以让他们分享玩具的玩法。比如：一辆小汽车，两个小朋友轮流开；一辆三轮车，一个骑，一个推。以此来达到分享的目的。在家里，父母要培养孩子从小习惯和别人分享。比如，吃东西时，父母要有意识地人人分到，不能光让孩子一人享用。这样，慢慢地就会使孩子顺利度过这一时期，朝正常的方向发展。

另外，父母在平时也要给孩子树立好的榜样。如果爸爸妈妈在吃东西时，先给爷爷奶奶吃，时间长了，孩子就会模仿父母的行为，慢慢就学会和人分享了。

4. 被人抢时，父母不要“扮大方”

当自己孩子的玩具被别的孩子抢时，父母不要强行把玩具从自己孩子手中抢过来去满足别的孩子。因为时间长了，孩子就会形成思维定式，致使其变得越来越懦弱，渐渐地就会形成优柔寡断、不敢反抗、不会拒绝的性格。

因此，在这种情况下，父母应该做孩子的保护者，甚至被抢走的玩具也要帮孩子要回来，让孩子感受到父母的呵护。同时，父母也要和别的孩子讲清楚，要想玩别人的玩具应该经过别人的同意，要有礼貌地请求，而不是硬抢。这样，不但保护了自己的孩子，同时还能让两个孩子明白，抢玩具的做法是不对的。

胡乱涂鸦——孩子最原始的创造活动

飞飞2岁多了，不知从什么时候开始，飞飞喜欢拿着笔到处乱抹乱画。如果妈妈一直盯着，他会按照妈妈的指示在纸上画。可是，妈妈一不注意，他就又开始到处乱画了，衣服上、床单上、沙发上、墙壁上……无一幸免。

妈妈看着飞飞的“作品”，感到很无奈。于是，她拉着飞飞的小手，很严肃地对他说：“儿子，不能再乱写乱画了哦！”飞飞点头答应了，可是妈妈做完家务，转身一看，家里仍然被他画得乱七八糟。

面对儿子的“屡教不改”，妈妈感到烦恼不已。

每个孩子都是天生的“小画家”

相信很多父母都有过飞飞妈妈的经历，孩子喜欢拿着笔到处乱涂乱画，父母们一再制止，可孩子们却屡教不改。有时候他们满脸委屈地看着父母生气的脸，好像知道不能乱画，可是只要有笔在手，一旦父母不注意，他们就会立刻抓住机会在自己想画的地方乱画一气。有时候孩子还会在自己的手上、脸上涂画，等父母发现时，他已经变成了一个“小花人”，让父母们觉得又气又好笑。

其实每个孩子都是天生的“小画家”，都对随意、尽情地“涂鸦”情有独钟。画面上不规则的圆圈、弯曲的线条显示出，孩子最初的涂鸦是没有任何表现意图的，只是他们的感知觉和动作有了一定的发展与协调之后，对于环境做出的新探索。

正处于绘画敏感期的孩子往往不满足于只是在纸上涂画，即使提供了很好的纸，也只是乱画一阵子就失去了兴趣，于是开始寻找更有趣、新奇的绘画地点。因为他在床单上画的时候能够感觉到布面的肌理很有质感，在瓷砖上画的时候有光滑的感觉，对此，他感觉既新鲜又有趣。不同的感觉增加了孩子的涂鸦兴趣，于是他们不放过任何自己能画到的地方。

孩子在涂鸦的过程中，能锻炼手的灵巧性，锻炼其对事物的观察能力和模仿能力，以及对事物的再现和整合能力，还能锻炼其对色彩的欣赏能力和运用能力，提升想象力和创造性。在这个启蒙的殿堂里，涂鸦可以算是一种多元的载体，让孩子自由自在地碰触心灵，从而获得精神上的满足和快乐。

孩子爱涂鸦，父母怎么做

当孩子渐渐有了自我意识，就会通过画画来宣泄自己的情绪，表达对身边事物的理解和看法。所以说，涂鸦是孩子发泄自己内心情绪的过程，是最难得的童心流露，是最原始的创造活动。虽然在大人眼中是“捣乱”，但是正是因为有了再原始不过的“涂涂画画”，才会有将来惊人的创造力和想象力。

总之，艺术是内在自我和内在经验的一种外在表达形式，是可视的思想和情感。绘画就是最直观的艺术表达形式，透过这面镜子，我们可以窥探到孩子内心的风景，体会孩子的情绪，理解孩子，并用更好的方式来爱孩子。

作为一个有眼光的父母，你的态度应该是等待和希望，应该是鼓励和引导，应该是爱护和欣赏。

1. 要正确认识孩子的涂鸦行为

当孩子长到1岁左右时，就开始进入了涂鸦期，此时期是孩子身心发展的宝贵时期。父母千万不要把孩子的涂鸦看成是一种破坏性的行为。当发现孩子在家里乱写乱画时，不要责怪孩子，更不要遏制孩子乱涂乱画的行为，反而应该观察、保护孩子的这一行为。

2. 给孩子提供合适的涂鸦场所

如果把儿童房里的一整面墙都换成黑板，这大概是每一个喜欢涂鸦的孩子都非常向往的。孩子们可以在上面随意发挥创意，进行各种图案创作，那样父母们就不用担心白墙上出现各种清理不掉的涂鸦了。

3. 要耐心倾听、赏析

面对孩子的涂鸦，做父母的一定要耐下心来认真聆听孩子对涂鸦作品的解释，尊重孩子的表述，以此来了解孩子的内心世界。在听孩子表述时，要放松神情，脸上要露出笑容，并适时地引导孩子充分发挥想象力来阐述作品，而不要表现出不耐烦。

4. 要给予适度的赞扬

有时候，孩子画的一个点或者一条线，也许大人看了会感觉可笑，但在孩子看来却是妙不可言的作品。因此，当看到孩子的涂鸦作品不是画时，父母千万不要瞎指导，也不要嘲笑孩子，而是应该蹲下来和孩子一起欣赏他的作品，并给予一定的夸奖。

小链接

涂鸦也有安全风险

世界是丰富多彩的，宝宝对多彩的世界更是充满着好奇与向往，于是他们就用画笔和颜料来对世界进行描绘。可是，由于宝宝还小，在绘画的过程中很容易会发生一些小意外，这时父母们应该怎样应对呢？

意外1：宝宝吞食画笔

画笔里大多有含铅的化学物质，而这种有害物质一旦被孩子吸收达到一定量时，就会影响孩子身体的生长发育，阻碍智力发展，对孩子的听力也会产生不利影响。对这个问题，父母一定要予以足够重视。

应对：父母应当及早带孩子去医院做一下腹部透视，宝宝的身心还没有发育完善，与成人相比，各方面机能都要脆弱得多。

预防措施：在给孩子买画笔之前，就要做好安全教育工作，告诉他这是画画用的，千万不能吃进去，否则会拉肚子。对于年龄过小的孩子，就干脆不要买给他，或者要在大人的监督下使用。

意外2：颜料进眼睛里

孩子画画的时候，手上会不自觉沾到一些颜料。如果不注意，用手揉眼睛，可能引起宝宝眼睛散光，更会导致视力模糊。还有一种情况是颜料水溅进眼睛里。这两种情况如果不及时处理，都有可能使孩子眼部受感染，对孩子的眼睛造成严重伤害。

应对：父母应及时用清水为孩子清洗眼睛，冲洗时要将眼睑分开，翻开上睑，让上下结膜充分暴露，冲洗时还要提醒孩子将眼球向各方转动，千万不可不做处理就直接送医院。到专业的眼科医院后，应按医生要求进行检查。看孩子眼睛内的颜料是否完全清除，并确定是否继续留院观察。

预防措施：在宝宝学画时，成人一定要在旁边看护，而且要防止宝宝和别的宝宝互相嬉闹，在学习颜料画时，谨记嘱咐宝宝当手指蘸上颜料时，不能揉眼睛。

意外3：笔尖插进眼睛

无意中将笔尖插进眼睛里是非常危险的，很多时候由于孩子对事件的后果不了解，导致他们出现了一些危险的行为。比如有时孩子拿着画笔正在低头画画，另一个小朋友过来打闹嬉戏，用力摁了孩子的头部，使画笔另一端的笔尖插进孩子的眼睛；孩子自己把玩画笔时，不小心使笔尖插入眼睛；孩子和别的小朋友发生冲突，别的小朋友情急之下把画笔当作武器等。这些行为造成的后果都不堪设想。

应对：发生这种意外时，父母不要轻易把笔尖拔出，应用手托住，尽快送孩子到医院诊治，途中尽力劝阻孩子哭闹，不要让其碰撞伤口。

预防措施：告诉孩子画画时，笔尖远离眼睛，要增强孩子的安全意识，留意自己的安全和其他孩子的安全；不要让孩子把铅笔削成两头都尖的样子。

家里有个“破坏大王”

不知父母们是否遇到过这样的情况：

当你兴高采烈地拿来一本童话故事书，准备和宝宝好好分享美丽的童话故事时，他却突然“唰”的一声把书撕成了两半；当你满心欢喜地买回一个玩具，准备给宝宝一个惊喜，等待着他“哇”的一声扑向你表达感谢的时候，他却“啪”的一声用满地碎片打破了你的幻想；当你刚刚搭好一个积木或做好一个模型，想要呈现给他看时，他却小手一扫给你推翻了；家里新买的闹钟不知什么时候被宝宝拆散了架；电视机的遥控器也被他弄得“粉身碎骨”……

相信面对此情此景，你一定气得火冒三丈了吧，但还是劝你千万要保持冷静，因为宝宝这样“搞破坏”并不是他的错！

宝宝喜欢“搞破坏”是有原因的

对于宝宝的各种“破坏”行为，不管父母如何阻止，他都仍会乐此不疲地进行着。其实，宝宝喜欢“搞破坏”是有原因的。父母只有正确理解他的破坏行为，才能给予其适当的支持与引导，从而让孩子健康成长。

1. 生理发育不完善

宝宝的“破坏”行为分为“无意识破坏”和“有意识破坏”。一般来说，宝宝2岁前的各种“破坏”行为都是无意识的，并非真正的“破坏”行为。如上面提到的宝宝摔玩具的行为。这个年龄段的宝宝，反应协调能力较弱，注意力不易集中，不能很好地控制自己的行为，所以错不在宝宝。

2. 特定阶段的年龄特点

心理学认为，人与生俱来就有攻击和破坏的本能，特别是2～3岁的宝宝，会出现第一个反抗期，其攻击和破坏的行为会表现得比较明显，男孩尤甚。随着年龄的增长、教育的约束、社会道德的规范，这种破坏行为将会逐渐减少。

3. 好奇心的驱动

好奇心是幼儿心理的主要特征之一，对不理解的事物，宝宝有着强烈的探究心理，总想看一看、摸一摸、闻一闻、尝一尝。比如，很多宝宝喜欢拆卸玩具、钟表，乱按遥控器、电器开关等，宝宝之所以这样做，就是因为想弄清楚这些漂亮好玩的东西到底是怎么做成的？玩具里面到底有什么？这其实是学习、探索的一种表现。

4. 引起你的关注

如果你稍加留心，就会发现这样一个现象——当孩子处于安静的状态时，成人经常不闻不问；而当孩子表现出顽皮或多动时，却会立马引起父母的注意。孩子们是很聪明的，当他们发现这一点时，就开始用捣乱来吸引父母的注意，只有自己捣乱才能吸引父母的注意，于是只好“搞破坏”了。因此，父母在责怪孩子破坏行为的同时，也要反省一下，是不是给他的关注不够多。

“破坏”的过程是学习的过程

我们已经知道了，宝宝喜欢“搞破坏”，其中一个原因是好奇心使然。那么，如果你不想扼杀孩子可贵的好奇心与探索精神，就要对他的“破坏”行为予以包容，因为“破坏”的过程其实就是学习的过程。

孩子“搞破坏”的过程，是一个手眼高度协调的过程。孩子经常“搞破坏”有助于促进其手眼协调能力的发展。并且，“搞破坏”的过程也是一个思维锻炼的过程。如果孩子带着疑问去“破坏”，并在父母的协助下，用自己的行动找到答案，这对孩子的思维发展十分有利。

更为关键的是，这种“破坏”行为对于培养孩子的动手能力、创造能力及求知欲，也是十分有利的。因此，父母应当有意识地创造条件，满足孩子的好奇心，使其步入“探索之旅”。那么，父母具体应该怎么做呢？

1. 为宝宝创造“破坏”的环境

对于喜欢撕书的宝宝，可以给他买几本撕不烂的书，让宝宝尽情地撕；对于喜欢撕纸的宝宝，就给他买一些彩色纸张，任由他撕成条，以满足他撕纸的要求。

2. 给宝宝买一些能拆装的玩具

当宝宝处于好奇与探索的年龄段时，可以给宝宝买一些能拆装的玩具，为他提供可以探索的物品，如积木等拼插、组合玩具，鼓励他尝试组合不同的造型。这样，不但能让宝宝享受拆装的乐趣，还能满足孩子的好奇心和探索心理。需要注意的是，为了安全起见，给宝宝玩的玩具最好没有棱角，并且质量还要有保证。

3. 参与到宝宝的“破坏”行动中来

当宝宝把玩具拆开时，可以蹲下来，参与到宝宝的活动中去，引导宝宝观察玩具里面有什么，玩具为什么会响、会动，引导、帮助他寻找答案。然后再和宝宝一起把拆下的东西装起来，恢复原样；或者带他一起找人修好弄坏的闹钟，让他看师傅怎样拆闹钟，怎样组装零部件……这样一来，宝宝就能在“破坏—探究—重建”这一过程中获得心理满足。另外，还要明确告诉宝宝，有些东西是不能拆的，一旦拆了就坏了。

4. 严令禁止宝宝探究危险物品

为了避免意外伤害，父母要把家里危险的东西都收起来。另外，也要严令禁止宝宝探究危险物品，在宝宝能理解的范围内，告诉他哪些东西很危险，比如电源插座、煤气等。慢慢引导宝宝建立什么东西可以碰、什么东西不可以碰的概念。

5. 给宝宝足够的关注

对于想引起关注的破坏行为，要给予宝宝足够的关爱。要多和宝宝一起玩游戏，用陪伴他玩耍来替代对宝宝破坏行为的关注。每天你必须拿出至少半小时的时间专门陪伴宝宝，让他感受到你的关爱。

总之，宝宝对各种陌生事物都充满新鲜感，父母应该合理利用宝宝的这种天性，多方引导、鼓励，让他自由、安全地进行探索，健康快乐地成长。

我家孩子是个“人来疯”

一位妈妈讲述道：“我的儿子小宇今年3岁了，平时规规矩矩的。可是家里一来客人，他就一反常态，表现得很淘气。有时会把玩具丢得满屋都是，或者在客人面前跑来跑去，甚至还拿着枪对着客人‘啪啪’地乱射一通。每当这时，我们都感到很尴尬。因为有客人在场，我们也不好训斥他；不管他吧，他的行为又太令人生气了。有时候，我都觉得孩子这种淘气、出格的行为好像是故意做出来给人看的。我们真不知道该怎么办了。”

孩子“人来疯”是有原因的

当家中有客人来时，有的孩子会表现得尤其活跃、淘气，我们把这种行为称之为“人来疯”。这种行为多出现于3～6岁期间，它是孩子在客人来的时候，情感上表现出近似胡闹的一种异常兴奋的现象。那么，孩子为什么会变成“人来疯”呢？

1. 自我意识增强

孩了3岁后，随着自我意识的增强，希望有人注意他的存在，为了证明自己的存在，就想出了“闹”的办法。由于生活经验的局限，认为这种行为能够引起别人的重视，于是就采取了不恰当的表现形式。

2. 自控能力比较弱

孩子进入幼儿期，自控能力刚刚开始发展，还处于比较弱的状态，因此常常不能控制自己，致使行动带有很大的冲动性，而且自控行为会随着情景而发生变化，时好时差。

3. 宝宝的交往需要得不到满足

很多父母由于工作忙，平时很少带孩子出去玩耍，宝宝只能和家人、玩具或电视打交道，交往圈子窄。当家中有客人时，他们就会感到好奇、兴奋，觉得终于有别的人会注意自己了。这时若父母只顾着和客人交谈而不理睬宝宝，他就会觉得自己被冷落了，于是就会有意识地做出一些偏常行为，想以此来引起大人的关注。即使他心里知道会因某些不当行为而受到批评，但仍然感到满足。

4. 父母平时过分溺爱或过分严厉

有些父母对孩子过分溺爱，无论孩子的要求是否合理，一概予以满足，致使孩子变得自私、任性，在客人面前对父母的话置若罔闻，无理取闹；反之，有些父母对孩子期望很高，严加管束，从而抑制了孩子喜欢玩的天性，而当有客人来时，父母的注意力更多地集中在客人身上，孩子就会抓住这个“天赐良机”，尽情地释放自己，弥补平时玩的不足。

5. 客人过于宽容和放纵

家里有客人时，客人往往会尽力夸奖孩子或与之嬉戏，即使孩子有做得不好的地方，客人也不太会去苛求孩子，非常宽容并且和颜悦色，这会使孩子更加兴奋、放松，很多平时不敢做的举动，趁机都做了出来。

孩子“人来疯”怎么办

很多父母不了解孩子“人来疯”的心理，当孩子表现得过度兴奋时，就以为孩子是瞎捣乱，便会责怪宝宝不乖。结果，挨了批评的孩子更加难以平静下来，愈演愈烈，最终导致父母和客人都很尴尬。那么，如果孩子出现了“人来疯”现象时，父母应该怎么教育呢？

1. 进行礼仪规范教育

有时候孩子喜欢“人来疯”，是因为不懂得待人接物的礼仪规范。所以，父母平时可以对其进行礼仪规范的培养和教育。比如：客人进门之后，要让孩子先跟客人打招呼，给客人端茶倒水；然后，让孩子回自己的房间去玩，父母和客人交谈；客人走时，带孩子一起送走客人，并让孩子与客人道别。

每次客人走后，对孩子的表现要给予反馈。孩子表现好，要及时地表扬和鼓励；孩子表现不好，则给予批评，并再次强调正确的行为方式。

2. 进行一些暗示

当客人到来时，可以跟客人介绍一下孩子的一些情况，稍加夸奖与鼓励。比如“我家孩子是一个非常懂事的孩子，最会自己玩了”等。当孩子仍然无法抑制自己的兴奋时，父母可以继续暗示道：“李阿姨最喜欢听话的孩子了，快去自己玩吧！”

3. 尊重孩子的心理需要

如果客人来了后，孩子出现了“人来疯”行为，父母要冷静处理。不要当众批评孩子，可以让孩子为大家表演一个节目，来满足他的表现欲。当孩子获得了客人的表扬后，可以对他说：“现在爸爸（妈妈）要和叔叔（阿姨）谈一些大人的事情，你回自己的房间玩。”这样既可以让兴奋起来的孩子受到一定的关注，又可以让孩子有适当的思想准备，退出大人们交谈注意的中心。

4. 多带孩子出去玩

平时父母要多抽出时间来陪伴孩子，多带孩子出去玩，或者去别人家做客等，让孩子接触不同的环境，从而拓宽孩子的视野，那样，孩子对陌生人就不会有那么强的新鲜感了。

5. 不过分娇宠

平时对孩子的行为，尤其是一些不良行为，不能过分放纵，否则容易助长孩子“以我为中心”“我说了算”的心理，需要教育、管制的时候就要及时教育、制止，久而久之，孩子的自制力就会增强了。

和小朋友打架——自我意识正在发展

4岁的小洛搭了一个小房子，但他的小房子却搭到了木木过家家的“操场”上。木木拿着玩具小车，一下就冲撞到小洛的小房子上，把它撞得稀里哗啦。“你撞坏了我的小房子！”小洛几乎是咆哮起来。“可你过了‘界线’！”木木也非常愤怒。两个孩子就这样打了起来。

生活中，很多父母常为自己的孩子和别的小朋友打架而烦恼，认为打架不对。所以很多父母看到孩子与别的小朋友打架时，就会不分青红皂白地把自己的孩子狠狠地批评一通，甚至揍一顿。其实，父母的这种做法是不可取的。

孩子之所以会和别的小朋友打架，是因为他的自我意识正在发展，孩子学会了用攻击来保护自己的“利益”。父母无须过分担心，只要对孩子进行正确的引导，他就能学会用适当的方法处理矛盾了。那么，面对孩子和别人发生争执的情况，父母具体应该怎么引导呢？

1. 让孩子自己学习处理矛盾

孩子之间发生冲突是很正常的事情，他们可能因别人侵犯了自己的利益而打架。大多数情况下，无论是谁先动手，孩子之间发生的冲突都不需要我们成人过多干涉，应该让孩子自己去学习处理发生在他们之间的矛盾。这样要比父母直接介入去为他们解决，告诉他们具体需要做些什么会更有效。

在德国幽默大师埃·奥·卜劳恩创作的连环漫画《父与子》中，有一幅画面描绘的是：两个小孩打架，打完之后都各自回家告状。不一会儿，孩子带着各自的爸爸来见面，爸爸们开始评理，接着开始吵架，最后升级为打架。打着打着，转过身一看，咦？两个孩子像没事人一样，又一起玩耍了！

这幅漫画带给很多父母不小的启示，它让我们知道，孩子之间的矛盾和冲突根本没有我们想象中那样大，而且是特别容易化解的。但是恰恰因为我们爱子心切，害怕孩子受到伤害，担心孩子不会处理，于是不顾一切地挺身而出，用成年人解决问题的方式解决孩子之间的问题。殊不知，我们的插手不但锻炼不了孩子解决问题的能力，还会让他因越来越依赖我们的保护而丧失自我保护的能力。这样发展下去，孩子不但会变得更脆弱，也会因不会处理矛盾而感受不到与人交往的乐趣，渐渐成为不善社交的人。

2. 教孩子分析问题根源

当孩子因为抢玩具而发生冲突时，父母采用没收玩具的方法，或许能很快制止孩子们的争吵，但或许孩子以后还会因为其他原因，或者其他事情再次争吵起来。所以，关键是要让孩子认识到问题究竟出在哪儿，然后自己想办法解决。

不妨让孩子们坐在一起，让他们各自说说为何要争吵。这样做的好处在于让孩子能够彼此倾听对方的想法。

父母可以用一些有帮助性的问题来引导孩子解决当下的问题，比如：“亮亮，你能不能和磊磊一起想一个不用吵架也能玩得开心的办法呢？”

让孩子自己想办法，互相商量，取得一致的想法。这样做的好处在于能够让孩子懂得，以后再碰到类似的事情该如何解决。

另外，要告诉孩子，骂人和踢人都是不友好的行为，不能因为对方先做错了，自己就做不好的事情。然后在孩子们都认识到自己的问题后，让他们学会向对方认错、道歉。

3. 别数落孩子懦弱

当孩子哭着向我们寻求帮助的时候，虽然我们不轻易插手孩子之间的矛盾，但也不能数落孩子说："你怎么这么老实啊？你太懦弱了！还哭，哭能解决问题啊？"孩子听了这样的话，心里会更难受，他原本因无能为力而向我们诉苦，没想到得不到我们的理解，反而还被数落了一顿，下次他再被欺负了，恐怕也不会告诉我们了。

所以，我们不要指责孩子，而是听清他的描述后，告诉他下次该如何做，把能具体落实的办法教给他，让他知道，如果是对方的错，那么就要勇敢地和对方表达抗议，当然不一定是动手还击，可以借助语言或其他方式警告对方，也可以找爸爸妈妈帮助。如果对方很霸道，又有暴力倾向，就要建议孩子敬而远之。

当孩子懂得一些与人相处的规则之后，遇到问题就不会只是无助地哭泣了，他的内心会变得强大，也会知道该如何保护自己，捍卫自己的权利。这样的孩子往往会赢得尊重，受到欢迎。

稍不如意就大哭大闹——希望获得心理满足

妈妈带小峰去商场买上次他看中的一个玩具，可是到了那里时，小峰却又喜欢上了另一个玩具，拉着妈妈的手要求买下来。妈妈和他商量，只能选其中一个，否则就什么都别买了。

这时，小峰就开始坐在地上又哭又闹，大声叫着："我都要，我都要！不给买我就不走。"

妈妈转身想离开，可小峰却拉着妈妈的胳膊怎么也不走，引来了周围很多人的目光："孩子喜欢就给他买吧，又不贵。""别让孩子老这么哭，会哭坏的，不就一个玩具嘛，就给他买了吧。"……妈妈听着众人的劝说既尴尬又气愤。不给买吧，面子上挂不住；给买吧，害怕他下次还这么闹。这该如何是好呢？

相信很多父母都碰到过这样的情况，孩子一不如意就大哭大闹。这是考验父母智慧和耐心的时候，有些脾气暴躁的父母可能会对孩子动粗，还有些父母则会无条件地满足。

殊不知，这两种态度都会从负面强化孩子的哭闹行为。武断地动粗会伤了孩子的自尊心，激起孩子的逆反心理，无法从根本上解决问题；而一味地无条件迁就，则会导致孩子成为一个“以自己为中心”的人，凡事必须由着自己的性子来，一旦不能如自己所愿，就会大发雷霆，最终受害的还是孩子自己。

孩子大哭大闹的根源

由于孩子年纪小，心智还不成熟，表达情绪的方式也比较单一，因此，面对孩子一不如意就大哭大闹的行为，父母应当学会从心理层面进行分析，而不应武断地怒斥了之。一般来说，孩子一不如意就大哭大闹，主要有以下原因：

1. 心理需求得不到满足

除了吃好穿暖，孩子还有很多的心理需求。当他的心理需求得不到满足时，常常就会大发脾气，大哭大闹。

一般来说，孩子出生后4个月时就有了发脾气、表达不良情绪的能力。而随着其生理、心理的发育，在成长的过程中，他开始渐渐接触更多的事物。但孩子面对这些事物，不可能像成人那样做出理性的认识或决策，而是凭着自己的情绪和兴趣来参与或行动。

然而，他的行动却常常会遭到父母的反对、阻挠。由于孩子不懂得父母阻挠的原因，因此，每当这时就会通过发脾气、大哭大闹的方式来表示抗议。

2. 自我控制能力差

现在很多家庭都是独生子女家庭，所以父母对孩子倾注的爱会更多，对于孩子提出的各种要求，也都会尽量满足。这样就会养成孩子随心所欲的习惯，想怎样就怎样，不能接受父母的拒绝。一旦遭到拒绝，孩子就会感觉到备受打击，进而采取哭闹的形式来表达自己的不满。

孩子大哭大闹，父母不要有求必应

法国教育家卢梭曾在《爱弥尔》一书中说：你知道运用什么方法，一定可以使你的孩子成为不幸的人吗？这个方法就是对他百依百顺。”因为面对父母的有求必应、百依百顺，孩子头脑中就会逐渐形成这样一个思维定式——我想要什么就能有什么。慢慢地，孩子就会变得越来越任性，越来越贪心。

因此，如果孩子一不如意就大哭大闹，父母要做的不是有求必应，而应该不同情况不同对待。那么，具体应该怎么做呢？

1. 不迁就孩子，要言出必行

孩子经常会提出一些要求来挑战我们的耐心。如果我们一味地满足他，只能让他变本加厉地使用各种手段迫使我们去答应他的所有要求。

为了避免出现这种状况，我们对孩子的承诺一定要兑现，禁止孩子做的事情一定要坚持，不能因为孩子哭闹而心软，也不能因为自己心情好而对孩子网开一面。这样，我们才能建立起威信，让孩子明确地感觉到我们是言出必行的人。孩子就会明白耍赖是无效的，也就不会提出那么多不合理的要求。

2. 拒绝孩子的要求时要做到以理服人

当孩子跟我们提出不合理的要求时，我们要使用合理的理由使他信服。要让孩子明白，满足他的合理要求是我们的爱与责任，而拒绝他的不合理要求也是我们的爱与责任。这样，我们给孩子以信服的理由，而不是单纯地拒绝，孩子接受起来就会容易得多。

3. 延迟满足孩子的合理要求

在日常生活中，当孩子提出某个要求时，我们应该沉住气，延迟满足他。比如，当孩子提出要买乐器时，如果你同意，也不要立刻答应或拒绝，而应该对他说：“你确定自己喜欢吗？能坚持练习吗？再说，这个乐器也不便宜，我们得计划一下。”又如，当孩子想要买某个玩具时，你可以对他说：“妈妈特别想给你买这个玩具，但是这次带的钱不够，咱们下次再买，好吗？”

通过延迟满足孩子的需求，不但能让孩子学会等待，进而增强孩子的自控能力，还能让孩子懂得需求的满足来之不易，自然就更珍惜了。

孩子不合群怎么办

静静，人如其名，是一个个性内向、很安静的小女孩。在学校里，只要是集体活动，她能不参加就不参加。在学校的各类评比检查中，班级获得了荣誉，当别的同学兴高采烈的时候，她往往是无动于衷，好像这事和自己没有关系。平时上下学，她也总是一个人独来独往，和同学难得说上一句话。一回到家，也是大门不出，二门不迈。

没有谁不希望自己的孩子天生活泼开朗，善于交际，讨人喜爱。但实际上，在我们身边有很多孩子在生活和学习当中喜欢独来独往，并不合群。其实，这是孩子性格孤僻的一种表现。

孩子不合群的原因

孤僻性格的形成除了与遗传有一定关联之外，很大程度上同后天的成长环境和教育方法有关。

现在，大多数家庭都只有一个孩子，因此，爸爸、妈妈、爷爷、奶奶对其是格外疼爱，孩子的各种要求几乎无条件满足，而且总是有人在陪孩子玩游戏、讲故事。这样，他们就难以产生找同龄伙伴玩耍的动力。

另外，孩子在和成人交往的过程中，成人总会让着他，而在和同伴交往时，他们就需要商量、协调，甚至出现冲突的时候还要想办法解决。这对于没有丰富交往经验的孩子来说，他们会觉得很麻烦，因此宁愿自己一个人玩，或者只和成人交往，而不愿意和同龄的孩子接触。

有的孩子由于性格柔弱、老实，在和同龄人相处的过程中，曾经有过受欺负的负面交往经历，致使他们往往采取一些回避的方法来保护自己不再受到伤害。

有的时候，孩子本来愿意和小朋友一起玩，可是父母担心他受欺负或者其他小朋友“不卫生”，限制孩子与小朋友来往，动不动就说：“某某太淘气了，不跟他玩。”“某某真脏，别和他玩。”孩子听了这些话就会受到影响，变得不合群起来。

其实，天生性格孤僻的人是少之又少，大部分孩子在很小的时候，便有人际交往的需求。当他们慢慢地长大，直到上幼儿园、上小学时，孩子的这种需求会变得越来越强烈。在这种情况下，如果孩子的交往需求受到压抑，他们不仅会因此而感到孤独，而且还有可能形成怨恨、苦恼、焦虑等消极的情绪，这对孩子的性格发展和身心健康都是不利的。因此，做父母的一定要把握好孩子们的心理，给他们足够的机会让他们融入属于他们的世界。

孩子不合群，专家来支着儿

有一位儿童心理学家说过这样一句话：“一个社交能力低下的孩子，要比没有进过大学的孩子具有更大的缺陷。”可见，社交能力对于一个人的重要性。

21世纪的今天，“人际关系”技能已被列为孩子的基本情商之一。假如你的孩子有孤僻、不愿意同他人来往的现象，作为父母，你不必要紧张，只需要对孩子进行耐心引导和帮助，那么孩子一定会变得既活泼又善于交际。下面就给父母们推荐几种方法：

1. 多给孩子提供同他人接触的机会

到了周末时，父母最好能多陪陪孩子。这时你可以选择约人来家里做客，或者是带孩子去别人家做客。总之，想尽一切办法让孩子同别人多接触，因为孩子接触的人多了，锻炼的次数多了，性格就会慢慢变得开朗起来。

如果孩子天生性格孤僻，父母不妨让他多接触同龄人。比如：家里来了小客人，让孩子当小主人，招待对方；多带孩子去参加一些集体活动，让孩子在活动中实现自我价值，体验人际互助的乐趣。

此外，父母还可以让孩子做一些与外界接触的事情，比如让他到邻居家借东西、送东西等。孩子过生日时，还可以让他请一些同学到家里来为他庆祝生日等。

2. 引导孩子多说话

说话能力是交际能力的核心。因为人与人交往，最直接的形式就是说。会说，说得好，交际成功的可能性也就越大。因此，父母平时可以有意识地引导孩子多说话，以训练他的说话能力。

餐桌是父母和孩子交流的好地方。在就餐时，父母可以讲些随意的话题，引导孩子多说话，如“这个周末我们去哪玩”。如果孩子没有提议，你可以提出建议。不过，最好还是让孩子说出自己的意愿，不要把他放在旁观者或附和者的位置上。

另外，睡前也是父母与孩子沟通的好时机。入睡前，父母可以和孩子共同读一则故事，然后和孩子比赛看谁能把故事内容复述得最好，好的可得到奖励。同时，父母还可以问孩子一些问题，比如：“今天学校里有什么新鲜事吗？”“今天在学校里学了些什么？”让孩子慢慢地讲述，在不知不觉中培养孩子的语言表达能力。

3. 教孩子不要害羞

父母们千万不要轻视孩子的害羞现象，这是他们进行人际交往的巨大障碍。研究表明，有11%～15%的孩子有过分害羞的倾向。

严肃的父母常常使害羞的孩子更加胆怯，并且还会出现说话结巴的现象。这时，父母如果强行纠正，孩子的结巴就会愈演愈烈。事实证明，任何威胁行为，如责骂、讽刺、挖苦或唠叨，不但不会对孩子有丝毫帮助，还会使他更加退缩，使他从害羞转为严重的心理障碍。

那么，怎样帮助孩子克服害羞的心理呢？有一个立竿见影的方法，就是让孩子当众发言。不可否认的是第一次当众讲话时，孩子会感到害羞和胆怯，但锻炼的次数多了，孩子会渐渐忘掉害羞。当孩子不再害羞时，他就会主动同别人接触。

嫉妒——孩子自我意识觉醒的外在表现

兰兰自幼聪明伶俐，深受周围亲属和老师的喜爱。在一片称赞声中长大的她，渐渐变得异常地争强好胜，容不得别人有任何强于她的地方。

考试时，如果别的同学分数考得高一点，她就会嫉妒、生气，在背后议论别人是事先知道了题，或者是碰运气。兰兰喜欢打扮，而且总要和同学们比。有一次，一位同学买了一件漂亮的小外套，别的同学都称赞不已。这让兰兰很不高兴，她暗中嫉妒，背后说那位同学的坏话。就因为她总是在人前人后诋毁他人，最后，导致没有同学愿意接近她，结果自己将自己孤立了起来。

嫉妒是人类普遍存在的心理状态

嫉妒是人类心理中动物本能的表现，它是一种具有普遍性的原始情感。儿童的嫉妒是儿童将自己与别的小朋友做比较，而产生的消极情感体验，是看到别人某些方面比他强时，所产生的一种不安、烦恼、痛苦、怨恨的复杂情感。

其实，嫉妒是孩子自我意识觉醒的外在表现。科学研究证明，嫉妒作为一种心理活动产生的时间是很早的。有人做过实验，15个月的孩子，如果妈妈当着他的面抱别的孩子，他就会有所反应，非要让妈妈放下别人抱自己，并紧紧搂住妈妈，好像在说：“这是我的妈妈，不是你的。”

生活中我们也经常发现，好多种情况都能使孩子产生嫉妒。比如：家里来了别的小朋友，妈妈夸赞那个小朋友几句或者表现得亲昵些，自家的孩子就会嫉妒，对外来的小朋友采取不友好的态度；如果别的小朋友有什么好玩的玩具，自己没有，心里就会不好受；两个孩子玩游戏本来玩得好好的，一个孩子看别人搭积木搭得又快又好，自己却怎么也搭不好，很着急，索性把两个人的积木全都推了，“我搭不好，你也别想搭成”，这就是孩子的想法。如果我们细心观察，这样的例子很多。可见嫉妒在每个孩子身上，都有不同程度的表现。

儿童的嫉妒有着独特的心理特征，主要表现为以下几点：

1. 明显的外露性

这是儿童嫉妒心理与成年人嫉妒心理最主要的区别。成人往往会考虑各种因素而尽量掩饰自己的嫉妒心理，而幼儿一般会通过具体的言行直率地表露自己的嫉妒情绪，他们通常不会考虑自己的嫉妒是否会引起别人对自己的不良评价等后果，此特点可以帮助父母或老师及时发现幼儿的嫉妒心理。

2. 直接的对抗性

因儿童对事物的认识具有直观性的特点，他们往往会直接地将因自己的嫉妒引起的不快情绪，归责于自己所嫉妒的人，进而会对嫉妒的人或事做出直接的对抗行为，以发泄自己心中的不满。比如，直接打骂他所嫉妒的人，毁坏令他嫉妒的具体物品等，而不会以其他替代的方式间接去达到发泄自己心中不满的目的。

3. 鲜明的主观性

儿童认识事物一般都是从自己的角度出发，他们往往会以是否符合自己的意愿为标准，简单地对事物进行分类。因此，当其他儿童比自己强或其他儿童拥有自己所没有的东西时，就会因外界的事物不符合自己的意愿而造成他们心理上的不快。此种不快心理就是嫉妒心理，它具有强烈鲜明的主观色彩。

帮孩子拔掉嫉妒这根“刺”

孩子有一些嫉妒心理虽然可以理解，但这并不意味着父母可以采取听之任之、放任不管的态度。一方面，如果孩子的嫉妒心理一直持续下去，就会演变为其人格的一部分。另一方面，孩子如果嫉妒心过强，也容易受外界的刺激，而产生诸如忧愁、怀疑、自卑等不良情绪，不仅影响学习进步，而且对身心的成长极为不利。此外，嫉妒还会影响孩子对事物进行正确客观的认识，容易使孩子产生偏见，产生怨天尤人的思想，影响孩子与他人的正常交往，最终抑制孩子社会性的发展。因此，作为父母，应该及时帮助孩子远离嫉妒心理。那么，具体应该怎么做呢？

1. 充实孩子的精神生活

除了学习之外，闲暇时间应注意培养孩子广泛的兴趣爱好，比如舞拳弄剑、吹拉弹唱、挥毫泼墨等。多引导孩子从事有益身心的活动，可使他们的精神生活变得充实，情绪愉悦，赶走嫉妒之心。

2. 培养孩子高尚的情操

有嫉妒心理的孩子往往胸襟不宽，有自身的性格弱点。如与人交往时，喜欢做核心，不能成为社交中心时，就会发脾气；不会感谢人；易受外界影响；事事斤斤计较，整天处在埋怨不平的情绪状态中。作为父母要教会孩子正确对待周围的事物，注意孩子的性格修养，养成乐于助人的习惯。

更值得注意的是，父母的嫉妒心强弱与孩子的嫉妒心有密切的关系。一般说来，父母心胸开阔，心态平和，孩子往往受其影响，也会形成比较宽厚容人的性格；若父母心胸狭隘，孩子也会受到相应的影响。所以，父母一定要注意自己的修养。

3. 让孩子学会正确地评价自己和他人

学会正确地评价自己和别人，是孩子克服嫉妒心理的重要途径。孩子要清楚地评价自己的能力，不对自己提出过高的要求，要在身边寻找自己的榜样，多看别人的长处。父母要告诉孩子，当别人更优秀时要能接受现实，虚心地向别人学习。

小云和小芳各有所长，老师们对她俩都经常给予表扬。因而，小芳的心态还比较平衡。但在三年级时换了个班主任，新班主任是一位语文老师，这位老师特别喜欢作文写得好的孩子，所以就经常在全班同学的面前朗读小云的作文，夸奖她的作文写得好。

小芳因此产生了失落感，她觉得自己失去了在老师和同学们心目中的位置，而造成这种情况的根源就在小云的身上。因此她采取不正确的手段，寻找机会让小云出洋相，并借此希望新班主任也能重视自己。

爸爸知道情况后批评了小芳，告诉她要以正当的方式竞争取胜，并和她一起分析自身的优势在哪里，以及如何跟小云进行良性竞争。经过反省，小芳认识到自己在体育上比小云强，于是她就在体育上多下苦功。半学期后，凭着出色的体育技能，小芳最终也赢得了老师的青睐。

“金无足赤，人无完人。”父母应该向孩子讲清楚每个人都有长处和短处，让孩子认识到人和人之间存在的差异，同时教孩子敢于承认自己的优点和缺点，靠自己的努力发扬长处，规避缺点。同时要告诉孩子，嫉妒非但不会帮助他进步，还会影响他的奋斗精神。父母要让孩子在正确认识自己和他人的过程中削弱自己的嫉妒心理。

4. 鼓励孩子树立自信心

孩子自己解决了一个难题或是取得了一点进步，父母要给予他积极的鼓励。父母的赞赏，不仅会帮助孩子克服嫉妒心理，还能培养出孩子的自信。

一直喜欢画画的琳琳今年上四年级了，班里的同学都没有她画得好，她的作品经常会被老师展览给同学们看。最近班里转来了一个比她会画画的学生，琳琳的光芒全被她盖住了，为此，她很嫉妒那位同学。

妈妈看出了女儿的小心思，和孩子沟通后，妈妈告诉琳琳："不管在什么情况下，你都是妈妈心中最棒的女儿。"在妈妈的鼓励下，琳琳很快又恢复了自信，开始努力地练习画画。

有嫉妒心的孩子，多数会有自卑感。他们往往看不到自己的优点，也懒得开发自己的潜能，只一味嫉妒强者，最终造成心理上的内耗。因此，父母要引导孩子逐步树立信心，消除自卑心理，这样他就能避免对别人产生嫉妒心理了。

孩子总爱插话并不是故意的

相信很多父母对这样的情形都不陌生：两个大人在谈论事情，孩子总在一旁插话，大人的谈话屡屡被孩子打断……这时，你难免会尴尬、火冒三丈。孩子的这种没礼貌的行为确实让人感到烦恼，不过只要你了解他的内心世界，就会明白，孩子并不是存心想要打断你，这是由他们的年龄特征引起的。孩子打断大人的谈话，主要在以下几种情况中出现：

1. 希望引起大人的注意

在小孩子的心中，世界就是为他而存在的，他无法忍受父母的注意重心不在自己身上。所以，当父母和朋友聊天时，他就会通过插话的方式提醒父母重视自己的存在。

应对策略：让孩子受到关注。当父母和他人交流时，无论孩子多小，都要先郑重地向他人介绍孩子，这可以让孩子感到自己很重要，没有被忽略。

2. 孩子对谈话中的内容感到好奇

随着年龄的增长，孩子对周围的事物也越来越好奇。当父母与客人谈话引起他的兴趣时，他就会迫不及待地想解决心中的“疑问”。

应对策略：给孩子参与谈话的机会。如果孩子插话的内容与大人谈的话题有关，可以试着让其融入大人的谈话中，并引导孩子思考、学习与人沟通。当大人谈论的事情孩子不理解时，可以适当抽出一些时间跟孩子解释。要记住，粗暴地拒绝孩子参与谈话，只会让孩子以同样的方式来对待他人。

3. 无事可做

当父母和客人聊天时，孩子因为没受到关注而感到无聊，不知道自己该干什么，这时就容易出现插嘴的行为。

应对策略：转移孩子的注意力。你可以先安排好孩子的活动，让他有事可做。比如，为孩子准备几本好看的图画书，或者给他一些能吸引他注意力的玩具等。

4. 还没学会等待

幼小的孩子通常想到什么就要什么，总希望自己的事情能够优先解决。因此，会以插话的方式，直接表达自己的需要。

应对策略：教孩子学会等待。父母平时应告诉孩子，要等一个人把话说完了，另一个人才能接下去说。父母可以试着引导孩子换一个角度思考问题，体会别人的感受。

我国自古以来就有个惯例：大人说话小孩听，认为小孩子插话是不礼貌的。其实，小孩子插嘴很多时候是为了表达自己的见解，只是方法不对而已。只要父母给予正确的引导，教会孩子说话的时机，孩子一定会改正自己的行为。值得注意的是，一概制止是不可取的，那样会对孩子的心理成长不利。

Part 6

认真倾听孩子说话，小嘴里面藏有大乾坤

倾听是沟通的前提。只有倾听孩子的心声，知道孩子在想什么，才能有针对性地给予孩子关心和帮助，也会使以后的亲子沟通变得更容易。父母在与孩子沟通的时候，应表现出热情、有兴趣的神情；父母应当高高兴兴地与孩子交谈，认真倾听孩子的话语，正确理解孩子的想法和感受；当孩子讲话的时候，父母不要打断他、指责他，并能从孩子的立场去理解他说的话，使孩子觉得他是被理解、被重视和被接纳的。只有这样，孩子才会对父母敞开心扉。

“妈妈，我从哪里来？”

5岁的强强最近总是缠着妈妈问：“妈妈，我是从哪来的？”

“等你长大了就会知道的。”

“可我现在就想知道嘛……”

妈妈看着不依不饶的强强，着实犯了难：怎么告诉他呢？需要回避吗？

启蒙第一问，父母要坦诚

相信所有父母都被孩子们问到过“我从哪里来”这样的问题，而几乎所有父母都没有重视过这个问题，也没想过要从科学的角度给孩子们解释，更没注意到这是一个对孩子进行性教育的机会。

实际上，“我从哪里来”这个问题，一直是孩子们极为关心的。可是中国几千年的传统含蓄文化，让99%的父母们觉得在回答这个问题时难以启齿，所以，他们或者选择避而不答，或者采取哄骗的方式来回答孩子。比如，有些父母回答“你是我从垃圾箱里捡来的”“你是从石头缝里蹦出来的”或“你是从树杈中长出来的”，等等。

父母们认为这是一个需要时间才能解释的问题，只要孩子们长大了，自然就会知道这个问题的答案。现在不应该问，问了也不应该回答，回答也不应该照实说，只要用“垃圾箱”“石头缝”等回答把他暂时糊弄过去，等孩子长大之后自然就会明白一切了。

然而，被电视、网络等媒体包裹着出生的孩子们，却不会心甘情愿等待时间来解释，他们会想：“既然爸爸妈妈都说我是从垃圾箱里来的，那就一定是了，原来垃圾箱才是我的妈妈啊！”于是发生了这样的场景：

7岁的宁宁跟妈妈关系不再那么亲密了；5岁的青青甚至还打电话给110，希望警察叔叔能帮她找到她真正的“垃圾箱妈妈”；6岁的亮亮经过天桥的时候央求妈妈把她送回去，对着天桥喊“妈妈”……

值得父母们注意的是，这一切都是由父母们的谎话造成的，我们这些聪明又敏感的孩子们，早就不是谎言就能糊弄的了，他们种种幼稚可笑的行为，不过是因为对父母的信任。如果想要继续保持这么高的可信度和依赖感，父母们就不要再随意骗他。若是再被问到这个问题，就一定要珍惜这个机会，也许这是你们第一次认真启蒙他的人生观和性教育，务必要认真、耐心地如实回答。

轻松回应“我从哪里来”

随着时代的发展，科学的进步，各种各样的传媒已经将我们完全包围。孩子们也经常在媒体（如电子游戏和电影）中接触到遗传、繁殖或生殖等概念。

一方面是无限丰富的信息源（刺激），另一方面是遮遮掩掩的父母，二者间的巨大反差更是激起了孩子们的好奇心和求知欲。因此，适当地为孩子们讲解一些有关生命、遗传和生殖的知识是十分必要的。

可能有些父母会问："孩子能明白那些遗传和生殖的知识吗？"其实，这个不用担心，儿童发展心理学家们已经给出了答案：大部分5岁左右的儿童能够知道动物和人类的子代来自于同种亲代，也能够判断孩子与父母是在生理而不是心理特征方面相似，并且理解这种相似是由出生造成的。

一些研究也证实，对幼儿园和小学低年级的孩子进行指导，以丰富他们的生命遗传和繁殖的概念，是完全可能的。这不但能够促进学前儿童科学、生物概念的发展，而且还会为他们日后的生物学学习打下重要的基础。因此，当孩子问"我从哪里来"的问题时，父母可以这样告诉他：

爸爸的肚子里住着很多小蝌蚪，妈妈的肚子里有个小房子。有一天，很多小蝌蚪从爸爸的肚子里钻出来，游到了妈妈的肚子里。可是，妈妈肚子里的小房子太小了，只能住一只小蝌蚪。有一只非常勇敢、游泳速度也很快的小蝌蚪最先跑到了小房子里，然后把门关上了，其他小蝌蚪都进不去了。这只勇敢的小蝌蚪就是你。你在小房子里长了10个月后，小房子已经装不下你了，这时你就开始敲门，妈妈的肚子就会疼，然后爸爸就赶紧把妈妈送到医院，在那儿，会有医生和护士帮助妈妈，然后你就出生了！你一出生，就会从妈妈的乳房里吮吸乳汁，所以医生剪掉了没用的脐带。在医院住了几天后，咱们就回到了自己的家。

根据孩子的实际年龄和认知水平来回答

临床心理学家安妮西·班斯坦博士曾经针对儿童对"人类的起源"的认识进行过广泛研究。她在研究过程中采访了100多个注重儿童教养问题的家庭。其中大多数父母认为，他们已经向子女恰当地解说过"宝宝怎么来的"这个问题，觉得孩子应该能回答得很好，可是没想到研究结果却令这些父母大为惊愕。因此，在这里要提醒各位父母，不要从大人的角度看待孩子的性好奇，各年龄段的孩子各有其性探索取向。所以，“我是从哪里来的”这个问题也要根据孩子的年龄和认知水平来给予解答。

一般来说，3岁左右的孩子多半无法理解婴儿是怎么来的，他们只是因为一时好奇才会问起这个问题，这时父母只需要简短地回答“你是妈妈生的”就可以了。很多这样大的孩子对这个答案都会感到很满意。

当孩子长到5岁左右时，已经有了一定的思考力，他们对婴儿的由来有了自己的认知，他们相信自己是由成人“组合”而来的，或者像商店的货物一般，是被制造出来的。所以，父母如果再采用上面简短的回答，就不能再令孩子满意。而如果骗孩子说“是捡来的”，则会使孩子产生怀疑，甚至留下心理阴影。因此，可以采用前面提到的“小蝌蚪”和“小房子”的说法来回答。

当孩子长到七八岁时，父母就应该如实解释了。那么，如何解释呢？比如，你可以找来两本关于人体结构的书，然后指着男性生殖器对孩子说：“这是爸爸的生殖器，爸爸的生殖器里面有很多种子，叫作精子。然后爸爸的其中一颗种子种到了妈妈的身体里，接着这颗种子就在妈妈的肚子里发芽，然后慢慢长大，最后就变成了你。”接着，你再指着女性生殖器官对孩子说：“这是妈妈的生殖器，生殖器里有一个生命通道，你就是从这个通道里面出来的。”如果孩子问“什么是生殖器”，你可以告诉他：“生殖器就是生孩子的器官，就是人创造生命的器官。”

总之，我们回答孩子的问题时，应避免使用“路边捡回来的”等话语来敷衍他。因为成人一旦做出一个错误的解释，就不得不用更多的错误解释去应对孩子。而这样的误导会对孩子理解科学概念产生不利影响。所以，父母一定要根据孩子的具体情况，以科学、合理的方法为孩子解释。

喜欢说“不”——第一反抗期来了

妞妞2岁多了。最近一段时间，妈妈发现妞妞有点儿反常，曾经温顺可爱的小姑娘爱上了唱反调。吃晚饭的时候，妈妈说：“我们去吃饭，好吗？”妞妞一扭头说：“不！”到了该睡觉的时候，妈妈哄着说：“我们是不是该睡觉了？”妞妞又使劲摇头，大声说：“不！”妈妈说睡觉前不许吃糖果，可她就是哭着嚷着要吃巧克力……这样的事情，最近数不胜数。对此，妈妈感觉很奇怪：“妞妞一直都很乖，为什么突然间就像变了个人似的呢？”

孩子为什么喜欢唱反调

相信很多年轻父母都有和妞妞妈一样的体会：孩子到了两三岁就开始不听话，经常和父母顶嘴、说反话，不知道孩子为什么变得如此任性，为什么总是跟父母对着干。其实这是孩子心理成长过程中的必经阶段。据幼儿心理学家研究表明：宝宝两三岁时，由于自由活动能力大大增强，各方面知识不断增多，自我意识越来越强烈，才会表现出越来越大的自主选择性，对成人的要求和安排喜欢说“不”，喜欢自己的事情自己做，不希望别人来干涉自己的行动。孩子的这些行为表现，其实是他认识到自我，独立性开始萌芽，生理、心理发展正常的重要表现。心理学家把孩子在2～5岁之间集中出现的逆反行为称为“第一反抗期”。

爱唱反调不一定是坏毛病

曾经有专家做过一项研究：把2～5岁的幼儿分成两组，一组反抗性较强，另一组反抗性较弱。结果发现，反抗性较强的一组中，80%的孩子长大后独立判断能力较强；而反抗性较弱的一组中，只有24%的孩子长大后能够自己行事，但是独立判断事情的能力仍旧比较弱，经常会依赖他人。

专家根据研究结果得出结论：第一反抗期的孩子已经有自己的想法，这是他发展判断力和独立能力的好时机，父母应当予以重视。如果要求孩子事事都听大人的，反而会阻碍孩子判断力的发展。

对两三岁的孩子来说，爱唱反调并不是什么大毛病，更不是坏毛病。父母不要觉得孩子不听话就是“不懂事”，要知道孩子的反抗并不是反叛，这只是他表现自我的方式之一。

帮孩子顺利度过第一反抗期

我们已经知道了反抗是孩子成长的必经阶段，因此，作为父母，当孩子对你说“不”时，也不要着急、头疼。要知道，这是孩子个性形成的关键期，父母教养的态度会直接影响到孩子个性品质的形成。通常父母只要把握好以下几点，就能顺利引导孩子。

1. 理解、尊重孩子

孩子到了两三岁，喜欢跟父母唱反调，这是建立自我和自尊的第一步。此时，父母对他们的行动不要轻易加以干涉，而应该尊重孩子的意愿。如果这件事会给孩子带来伤害，父母也不要用命令的口气说“要这样”或“不许那样”，而应该蹲下来，以平等的姿态征询孩子的意见，给孩子留出选择的余地。比如，“你是先玩积木，还是先看书？”“等你看完这个动画片，我们就去洗澡，好不好？”这样既维护了孩子的自尊，孩子又乐意听你的话，就不会轻易跟你说反话了。

2. 尝试主动改变孩子“作对”的环境

孩子会和父母作对，很多时候是源于父母给他创造出了一个“作对”的环境。比如，关于孩子吃零食的问题，正是因为父母给孩子准备了小零食，所以他才会不停地去吃。如果父母能主动改变环境，根本不给孩子买零食，那孩子自然也就不会跟父母“作对”了。

所以，在某些情况下，父母不要因为孩子的“不听话”就去埋怨他，可以多考虑下自身，改变一些做法，不再为他创造“不听话”的条件。

3. 用非语言行为向孩子表示赞许或反对

当孩子坚持他自己的意愿时，如果父母一味地制止他，孩子就会变得越发执拗。其实，父母也可以采用非语言的方式。因为在许多情况下，孩子会更容易接受父母用表情、目光或其他肢体语言所传递的信息。

当孩子做得好的时候，父母可以对他微笑，给他拥抱以鼓励他；当孩子出错的时候，父母可以用严肃的目光或表情示意他犯错了，孩子就会停止错误的行为。

4. 满足孩子的好奇心和合理要求

父母的过度保护，往往也是导致孩子说“不”的原因。好奇心的驱使及强烈的自主愿望会使孩子什么都想试，什么都想做。父母过度地包办代替，则会使孩子失去许多学习探索的机会；而一味地斥责、制止，又会发生“作对”现象。

对此，父母应相信孩子的能力，满足他的好奇心。比如：他想要自己穿鞋、穿衣服，那就让他去穿，等他做不好时再去帮他；他想要洗衣服，就给他一块肥皂，让他去洗自己的小袜子；他想扫地，就让他扫，哪怕越扫越脏……当然，父母的帮忙是必不可少的。总之，父母要相信孩子，满足他们的合理要求，那样他们在亲自实践的同时就能积累经验，体会成功的欢乐，这样孩子就不容易养成对父母说“不”的习惯了。

5. 要说话算数

当给孩子抉择的时候，父母提出来的条件一定要是自己能做到的，不能开空头支票，那样孩子才会清楚地知道父母说话算数，渐渐地，亲子之间就会建立相互的信任与默契。比如，对孩子说只要他乖乖吃完这碗饭，周末就带他去公园玩，可实际上却没有做到。这样的空头支票开多了，孩子就会认为父母是骗人的，说了也做不到，所以会变得更加不听话。

6. 不能娇惯、放纵孩子

孩子喜欢跟父母说“不”，本来是一种正常现象，但如果听之任之或百依百顺，就会让孩子养成任性、骄横的性格。因此，作为父母，对那些总是用说反话来满足自己不合理要求的任性的孩子应该这样做：

（1）心平气和地讲道理，告诉他不能满足他的要求的原因，抑制任性、执拗行为的发生。

（2）设法转移孩子的注意力，用另一种使他更感兴趣的事来吸引他，从而使他放弃自己的不正当要求。

（3）在劝说无效的情况下，明确表示自己的态度：不合理的要求，再闹也不能满足。然后立即走开，用冷处理的方法来终止孩子不合理的要求。

爱说狠话——诅咒敏感期来了

豆豆2岁半时，变得非常调皮。妈妈之前总开玩笑说豆豆是“屁儿子”。结果一段时间之后，妈妈发现，只要自己做的事情不顺豆豆的意，豆豆就会噘起小嘴，大声地嚷一句：“屁妈妈！”

妈妈每每听到这里，都会一皱眉。豆豆见状，不仅没有收敛，反而说得更多，什么“臭妈妈”“坏妈妈”之类的话，都接连不断。而且，妈妈表现得越生气，他说得越起劲。过了些时候，他的词就更多了，诸如“我捏你”“我掐你”“我抓你”“我咬你”等，总之，所有能用的动词都用上了。

后来，豆豆3岁了，可是说出的狠话更加令妈妈惊讶，如“我要踢死你！”“我要打死你！”“我要把你撕成碎片！”总有邻居向豆豆妈告状，说豆豆经常“诅咒”别的小朋友，这令豆豆妈头疼不已。也不知这些话是如何储存进他的小脑瓜里的。

孩子为什么爱说狠话

相信很多父母都听到过孩子说狠话，每当这时，很多父母都表示很无奈，不知道如何教育才好。

其实，孩子之所以喜欢说狠话，是因为诅咒敏感期来了。那么，什么是诅咒敏感期呢？

诅咒敏感期，是指儿童在学习语言的初期（一般在3岁左右），当他们在接触到一些脏话或者带有诅咒的话语后，喜欢不分场合地胡乱使用，越是被制止就越喜欢使用，不过一旦过了这个阶段就又会恢复正常，专家把儿童这个时期称为“诅咒敏感期”。

其实，很多孩子都会经历这一阶段。在这个阶段，孩子会发现他的某些语言与其他人能产生“共鸣”。也就是说，他说出来的某些话，会引起他人的强烈反应。他人的表现，在孩子看来是新奇的，也是很有意思的。所以他就有可能会一直重复这种行为，特别是使用“诅咒”类的话语。

诅咒的力量，多是孩子不经意间发现的。当他用这种听来好像很伤人的话去说别人的时候，对方往往会有强烈的情绪波动，比如父母会生气，其他孩子会大哭。但很明显，孩子很“乐于”看到这样的结果，因为他已经察觉到了语言的力量，他也发现使用这样的语言，会引起更多人对他的关注，他甚至会产生自豪的感觉。结果，他就开始没轻没重、随意、快乐地使用起来。

心理专家解析，在一定的阶段，孩子们都喜欢用诅咒的词语来表达他们的情绪或者玩笑，并乐此不疲，丝毫没有“脏”或“不雅”的感觉，那是因为这一过程是他们学习语言、交流的过程，而并非像我们想象的，是想通过这种方式去侮辱或谩骂别人。因此，这个时候，父母也不要过于紧张，不用把孩子的“诅咒”看成是洪水猛兽。孩子使用这类语言也不过是好奇而已，他只不过是在体会这种语言所带来的威力。

孩子“诅咒”时，父母有对策

一般来说，孩子只有在诅咒敏感期内才会有兴趣去说一些诅咒的话语。如果成年人对此反应过激，或者让他们感到，在生活中经常看到或听到类似的表达方式会让人从中受益，孩子就有可能形成无意识的习惯，延伸下去，这会影响他的身心健康。因此，当诅咒敏感期来临时，父母要注意以下几点：

1. 采取冷处理

孩子总是运用诅咒，多是因为发现了诅咒所产生的威力。就像案例中的豆豆，因为他的诅咒式的话语，会让别人有很强烈的反应，孩子会觉得自己很了不起。

这时父母不用着急，也不用避讳孩子的话，而要学会冷处理。正因为有人回应孩子的“诅咒”，所以他才会越发地变本加厉。而一旦没有人回应他的诅咒，他就看不到自己的语言所产生的作用，也就不能从中找到乐趣，自然也就不再说了。

2. 寻找孩子“诅咒”语句的源头

孩子诅咒别人的这些话绝不可能是他自己创造出来的，一般来说，一定会有一个模仿的源头。孩子也许是跟父母、亲戚、周围邻居学来的，也可能是从某些电视节目中学到的，甚至是跟其他小朋友学的。

父母要尽可能地阻隔这些脏话的来源，以减少孩子模仿的机会。首先，父母自己就不要说不文明用语。而对于他人，父母也要提醒他们不要在孩子面前说不雅的话。至于一些不适合孩子看的电视节目，也可以用陪孩子游戏等方式来转移他的注意力。

3. 尝试用良好的语言去回应孩子

其实，面对孩子的诅咒语言，父母要有一个良好的心态，不要与孩子太过计较。除了采用冷处理的方法对待外，也可以尝试用良好的语言去回应。比如，孩子不顺心时，会说“臭妈妈”，妈妈就可以回他一句：“不是臭妈妈，是香妈妈，就像你一样香。”这样，就能转移孩子的注意力，他的模仿能力或许又会带他去重复新的、好的语句。

4. 当孩子使用了美好的语句时，要及时给予赞扬

当孩子能够正确使用一些美好的词或语句时，父母一定要及时给予表扬。父母的赞扬，会让他很有成就感，从而更乐意去使用好的语言，以获得更多的赞赏。由此，他也会减少使用诅咒语言，或用一些好的语言来代替诅咒语言。

别给孩子贴上“说谎”的标签

不少妈妈发现，随着孩子渐渐长大，孩子开始有意无意地说谎。孩子说谎是家庭教育里比较令人头疼的问题。在揪出谎言的时刻，父母们常常感到失望与愤怒，甚至开始质疑自己的教育方式。

其实，基本上每位父母都遇到过孩子说谎这件事。小孩子说谎既有自身的原因，也有的是由父母和环境所致。因此，当孩子出现说谎现象时，父母不能一味地惩罚孩子，而是要先了解孩子说谎的原因，然后根据具体情况来正确引导。

孩子说谎的秘密心理

一般来说，学龄前后的小朋友尚未拥有明确的道德观，在他们的认知能力范围中，并不清楚“真的”与“假的”、“对的”与“错的”之间的差别在哪里。在他们的世界里，只要能让自己舒服、高兴的事就是“对的”，而能避免父母生气与责备的事就是“好的”。孩子说谎的原因主要有以下几种：

1. 为了达成某种愿望

孩子2岁之后，正是想象力迅速发展的阶段，他们经常根据自己的愿望去想象一些事情，用想象来代替现实。比如，有位妈妈，在路上听到了在读幼儿园的孩子跟同学们夸耀："我家养了100只兔子，经常会跟着我去散步。"事实上孩子对尘螨过敏，家中从不养宠物。孩子夸张的谎言中其实包含着真实的愿望——他想养宠物，通过幻想他就能得到满足。所以，当我们听到5岁以下的孩子这样说话时，不要太过于惊讶。先了解他的愿望，然后才能帮他区分现实与虚幻。

2. 赢得大人的注意

6岁之前的孩子，在他的世界里除了自己就是父母，因此在与父母互动的过程中，孩子非常清楚自己做了什么举动，会引起父母的注意。当他发现自己说了一些夸张的话或做了一些不当的举动，可以吸引父母对他投注更多的关心与注意时，于是他自然而然地就会重复这样的行为。

3. 自我保护或逃避责任

孩子做错了事，怕受到父母的责备或者打骂，尤其是曾经有因犯错而被惩罚经验的孩子，再犯了错就会用谎言来掩饰自己的错误以逃避惩罚。比如，孩子不小心打碎了花瓶，不敢承认，而撒谎说是猫碰倒的。说谎虽然不好，但从另一个角度看，表示孩子的智力发展是正常的，已经知道了事物的因果关系，而且也是本能地保护自己。

4. 博取别人的羡慕

有时候，孩子为了吸引别人的注意，他们会有意编造一个故事，有时甚至会达到离谱的地步。比如，6岁的浩浩和其他小朋友玩游戏时，手舞足蹈地告诉小朋友："我爸爸力气可大了，一只手就能把小汽车举起来。"另一个小孩听了，不服气说："那有什么稀奇，我爸爸一只手就能把大汽车举起来。"

小孩子的这种说谎，其实就是一种天真顽皮式的吹牛，只是想得到别人的注意和羡慕而已。

5. 为了达到某种目的

有的孩子是为了满足自己的需要，并达到某种目的而说谎。比如，有的孩子为了逃避上幼儿园，就说自己肚子疼来骗父母。

因势利导，鼓励孩子说真话

幼儿心理研究方面的专家指出，幼儿早期善意的谎言非但不会成为孩子未来的发展障碍，相反会有利于他们的智力开发。因为说谎时大脑正在复杂地运作，包括要把真相隐藏起来，用合理的解释来掩盖自己的失误等。这个过程很好地锻炼了儿童的管理思维。

所以，当孩子撒谎时，父母千万不要轻易地把谎言和孩子的品质联系在一起。虽然说谎并不意味着孩子变坏了，但是生命不可能从谎言中开出灿烂的鲜花。因此，父母要与孩子多沟通，弄清楚孩子撒谎背后的真实原因，然后再因势利导，采取一些行之有效的方法来加以纠正，尽可能地让他少说谎，让他真实而有责任感地面对世界，这对于孩子心理的发展是非常重要的。

1. 父母要做好榜样

孩子的模仿能力极强，如果有人当着孩子的面说谎，那么孩子很快就可以学会。所以父母一定要以身作则，在孩子面前树立良好的形象，不要在孩子面前对别人说谎，更不要对孩子说谎，要做到言而有信。

2. 不为谎言提供机会

对于说谎，预防更重要有效。所以，父母们平时应当注意以下几点：

（1）不要像侦探似的审问孩子。审问行为会让做错的事情在孩子心里的分量放大，让孩子觉得很严重，从而会激发他采取防御性说谎。

（2）不要把孩子的性格和才能捧得太高。如果平时总是比较夸张地夸奖孩子成绩优秀，是一个非常乖的孩子，但若有一天他只拿到了70分，或是因为某些原因被老师惩罚，那么他为了不让父母失望，就有可能会选择撒谎。

3. 理解孩子

说谎会有愧疚感，在没有必要说谎时，孩子不会选择用谎言去保护自己。所以，父母一定要理解孩子，正确与他沟通。

（1）直接阐述事实，让孩子知道如何解决问题。当孩子说谎时，直接告诉他你了解真相，不用说谎。记住，阐述事实并不是指责，只是让孩子知道事情不该这么做，我们要如何解决它。这么一来，孩子便没有必要去坚持撒谎。同时有利于孩子从错误中吸取经验。

（2）对无心错误表示理解。孩子经常会不小心弄坏玩具，摔碎碗，对此，他们为了避免责骂可能会说谎。这个时候，父母不要抱怨，可以告诉孩子“碗比较滑，你也不想把他摔碎”。这样理解的言语会让孩子知道这种事情是可以告诉爸爸妈妈的，他们理解自己不是故意这样做的。

（3）用安慰代替说教。孩子撒谎有时候是在担心或是恐惧什么。比如他装病不想去上学，应该想到他是不是跟同学相处不愉快，或者是受了其他同学的欺负。与其教训他，不如安慰他，告诉你对他的处境表示同情，这样下次他再出现不想上学的情况时，就会先跟你说清楚原因，而不是选择说谎。

4. 强化诚实的行为

当孩子犯了错误能主动承认时，首先要表扬孩子，然后告诉孩子下次怎样做能避免错误，做得更好，可以多奖励孩子的诚实行为，使诚实的行为得到强化。

孩子爱告状——依赖心理的表现

相信很多父母或者幼儿园的老师都遇到过这个问题：孩子只要看到别人有什么做得不对的地方，他都要指出来。比如：“妈妈，刚才在外面玩的时候，小强推了我！”“妈妈，今天上图画课时，小虎抢我的水彩笔！”“老师，他往地上扔纸了！”“老师，他往后扭头说话了！”……他们时常跑过来，或者流着眼泪，或者非常认真地向你叙述其他小朋友都做了些什么“坏事”。

对此，有些父母或老师感到很苦恼，他们觉得孩子就像是“小侦察员”，虽然勇气可嘉，可若是长期下去，孩子很可能就会成为不受小朋友欢迎的人了。但是如果让孩子不要再告状了，又担心孩子会混淆是非对错。

生活中我们会发现，3～6岁的孩子非常爱告状，因为这一阶段的孩子的是非判断能力和独立处事能力都相对比较薄弱。可随着年龄的增长和视野的开阔，孩子的“告状积极性”会逐渐减少甚至消失。

但是，不管成人打算怎么“受理”孩子告的状，都应该清楚，年幼的孩童爱告状是由他们的年龄特征所决定的。

另外，这个时期是孩子人际交往和处理问题的能力、方式形成的重要时期。因此，作为父母，应当耐心分析孩子的告状心理，正确处理孩子爱告状的行为。

告家人的状，怎么办

“妈妈，哥哥还没洗手就来吃饭了！”

1. 心理分析

我们成人所说的告状，指的是告密或者搬弄是非。这是不正派的行为，与孩子告状的性质是完全不同的。孩子告状说明他此时已经开始有了进行是非判断的意识。他们常常把父母的话当成不可违背的规则，如妈妈说的“所有人吃饭前都必须先洗手”，而且大都无条件地相信它们的权威性，对这些规则非常敏感。只要有人没有按照自己熟悉的规则去做，他们就会觉得无法理解。

2. 引导对策

（1）及时安抚。对于孩子来说，告状是一件很严肃的事情，他需要你的耐心和关注。要知道，孩子告状的目的很明确，就是要你和他站在同一条战线上，先不用管事实怎样，都要及时地安抚孩子的情绪，比如，“哦，妈妈知道了，让哥哥马上去洗手，然后再来吃饭。”要让孩子知道，他的“努力”是值得的。

（2）积极处理。告了状，就要结案，这样才是对孩子真正负责任。父母应根据得到的信息，采取最积极的处理办法。比如，当着孩子的面，让哥哥先去洗手再来吃饭，并告诉哥哥，不洗手就吃饭是不卫生的。从而让孩子知道一些正确的规则是应该遵守并坚持的。

告小朋友的状，怎么办

“妈妈，那个小朋友乱丢垃圾了，我就不会！”

1. 心理分析

有时候孩子告状，常常是希望获得父母的关注与肯定。这也是这个年龄段孩子的心理特点之一。如果你仔细留意，你会发现受到关注的往往是那些调皮捣蛋的孩子，而乖孩子反而会“默默无闻”。因此有些孩子就会通过告状的方式来追求自我表现，以示别人不好而自己好，从而希望成人能对他自己的是非判断给予肯定。

2. 引导对策

（1）对孩子好的、对的行为给予肯定。渴望得到大人的关注和夸奖，是孩子的一种普遍心理。所以，当孩子告状后，对孩子对的、好的行为要给予肯定。如我们可以表扬他说：“乱丢垃圾是不对的，你没有这样做是好孩子。”这样能使孩子感觉到你看见他的努力，同时也能转移他的注意力，不再纠缠于“告状”本身。这也是培养孩子形成正确的判断力和良好的克制力的一个有效途径。

（2）把“被告”当作一面镜子。有的孩子在告发别人缺点的同时，而自己身上也正好有这些毛病。因此，可以说，这是教育孩子改掉坏毛病的一个好时机。比如，父母可以趁势启发孩子说：“小虎打人不对，你应该怎样呢？”“明明吃饭的时候乱跑不对，你会怎样做呢？”并鼓励让孩子自己说出正确的行为，以此帮助孩子从中吸取教训，养成良好的行为习惯。

和小朋友发生矛盾后告状，怎么办

“妈妈，强强抢了我的玩具枪，他还打我！”涛涛哭着跑到妈妈跟前诉说着强强的“罪状”。

1. 心理分析

（1）宣泄紧张情绪。当孩子与伙伴发生了矛盾，或者受了委屈，而向成人告状时，这实际上是孩子宣泄紧张情绪，减少忧虑，以求达到心理平衡的一个过程。孩子把成人作为诉说的对象，说完后会心满意足。

（2）寻求帮助。这个年龄段的孩子已经有了自己的想法，他们在一块玩的时候不时会产生一些矛盾。面对这样的“意外”，有些孩子不知道该怎么处理，特别是当自己受了委屈、处于劣势或感到了压力的时候，最先想到的办法就是向父母求助。实际上，孩子的这类告状，是为了找到解决问题的途径，以求获得大人的帮助，即希望通过大人们的“干预”来说服对方，以达到自己的目的。

2. 引导对策

（1）认真倾听。在倾听“告状”时要认真，不要打断或者斥责孩子，要设身处地地理解孩子的感受，敷衍和心不在焉的态度会使孩子更觉得委屈，而且对孩子也是一种不礼貌、不尊重。如果孩子一时说不清楚，父母可以用提问的方式引导孩子回想一下发生的事情，同时可以适当地安慰孩子。一旦大人能够耐心倾听孩子的倾诉，很多问题孩子自己就能想出解决办法。

（2）了解事实，对症处理。当了解了事实的真相和孩子告状的原因之后，父母们应根据具体的情况采用不同的处理方式。可以问问孩子：“你觉得这对你来说是个问题吗？”然后观察孩子的反应。这为某些孩子创造了思考问题的机会，让他们意识到自己没有充足的理由告状，或者这对于他们来说根本就不是一个问题。

（3）教孩子换位思考，正确对待。当孩子和别的小朋友发生矛盾时，父母要教会孩子换位思考，正确对待矛盾，并借此机会教会孩子解决问题的技巧，让他知道要友好地对待朋友。另外，父母也可以利用文学作品或一些孩子们熟知的动画片中的人物行为来教育孩子，如海尔兄弟、大头儿子都是很好的例子。还可以把孩子和其他小朋友的矛盾编成故事，最后加上和好的结尾，以此来暗示孩子正确的做法。以后孩子再遇到类似事件时，他就会学着换位思考，正确对待。

（4）鼓励孩子自己解决问题。孩子总是告状，说明他们的独立性还没有很好地发展起来，解决问题的能力还不强。因此，每次孩子告状的时候，都要尽量鼓励他们自己解决问题。比如可以这样问他："你觉得我们应该怎么做呢？"把问题抛给他，我们要让他知道，除了发泄情绪之外，还要学着思考解决问题的办法。随着年龄的增长，孩子会慢慢地学着自己思考问题，而不是一味地告状，期待别人的帮忙。

最后，值得注意的是，虽然我们都不提倡告状行为，但仍不可片面地对孩子的"告状"不闻不问，否则不仅会使一些有害问题无法及时解决，还会挫伤孩子的积极性。但如果鼓励他们的告状行为则会使其他孩子争相效仿，以致独立处理问题的能力得不到发展，更为严重的是，会使一些孩子养成时时窥视他人秘密的不正常心态，导致其人格的畸形发展。所以一旦孩子告错了状，父母和老师都应该及时对他进行提醒、帮助和纠正。

不停地问“为什么”

明明今年4岁了，他的问题特别多，整天缠着大人问个没完没了：

“为什么天上的星星会发亮？”“为什么小鸟会在天上飞？”“为什么太阳不会掉下来？”“为什么鱼儿要在水里游？”“为什么雨后会有彩虹？”“为什么毛毛虫会爬着走路？”“为什么自己是妈妈生的，而不是爸爸生的？”……

有的时候，问得父母都招架不住了，只好对明明说：“明明，我们不知道。但我们想《百科全书》可能知道，你去书中找找答案。”。

其实，明明爱问问题的情况，是这个年龄孩子的正常表现。他们之所以会这样，是因为他们开始有了觉察，觉察到这个世界不是那么简单，觉得这个世界很有趣，有好多神奇的事情。他们已经不再满足于对这个世界进行表面化地观察，他们想挖掘更深层次的内容。可是由于他们的知识经验无法解答这一切，所以就开始不停地问“为什么”。这表明了他们的想象力、求知欲、创造力和学习能力都在悄悄萌芽，表明他们探索世界的欲望和能力也都在逐步提高。

相信很多父母都遇到过小孩子问问题的情况，可是有的父母觉得宝宝提出的问题只不过是小孩子一时兴起的玩闹想法，所以有兴趣的时候就回答几句，没工夫的时候就随便敷衍两句，当回答不上来的时候，就会因为尴尬而感到厌烦，赶上心情不好时便会训斥孩子，打发孩子自己去玩。实际上，父母的这种行为会大大阻碍孩子好奇心的发展，也会打击孩子的求知欲。

众所周知，伟大的发明家爱迪生小时候就是一个爱问问题的孩子，喜欢不停地问“为什么”。不过，小爱迪生爱“打破砂锅问到底”的兴趣得到了妈妈的充分肯定。妈妈当过小学的教师，她知道，好奇是打开神秘知识宝库的一把万能钥匙，没有好奇心的孩子成不了大器。所以每当爱迪生问她“为什么”时，妈妈总是微笑着，细心地解答，把其中的道理讲给他听。妈妈的耐心引导，为爱迪生后来进行的伟大发明，奠定了良好的基础。

因此，父母们要明白，提问是孩子抓在手里的一把钥匙，他想用此来打开未知世界的大门，孩子能够打开多少扇门，取决于父母对提问的态度。如果父母不逃避，耐心启发、引导、鼓励宝宝，那么孩子就会觉得这把钥匙很好用，会更加积极主动地使用这把钥匙；反之，则可能会丢掉它。

那么，为了更好地帮助孩子成长，面对爱问个不停的他，父母们具体应该怎么做呢？

1. 积极鼓励孩子提问题

当孩子问问题时，父母要蹲下来，认真倾听他的问题，再耐心帮他解答。解答完问题后，要多表扬他几句。比如，“嗯，这个问题不错，宝宝真有想法。”“有问题就问妈妈，是个好学的好孩子。”有时候父母的一句表扬就是孩子最大的动力。

2. 启发引导孩子

当孩子提出一个问题时，父母要先对孩子进行启发，鼓励孩子从多个角度去观察、思考，引导孩子自己动脑筋去解决问题。如果问的问题太难，孩子实在解决不了，再把答案告诉他。

有的时候，孩子反复提出同样的一个问题，这说明父母给出的答案并没有使他满足。所以，当他再次问问题时，父母可以反问他“你觉得呢”，这样，就能达到启发孩子把自己的想法说出来的目的。其实，有的时候，孩子问问题时，他的心里已经有答案了。这时，你的反问更能促进他积极主动地思考，促进他整合自己的想法。

当孩子总是不能理解一个问题的时候，父母可以把问题引导到孩子容易理解的内容上。这样，不但能绕开孩子难缠的提问，还能培养他的发散思维，重新引起他的好奇心。

3. 父母不要不懂装懂、含糊其词

在孩子眼中，父母是无所不知的。当孩子问出父母也不懂的问题时，有的父母则习惯不懂装懂、含糊其词。这样做，并不利于培养孩子的各种能力，反而会在孩子心中树立一种大人无所不能的印象，从而导致孩子盲目崇拜大人，形成自卑情绪。

父母可以直接告诉孩子：“这个问题妈妈也不懂，咱们一起去寻找答案吧。”要知道，父母带着孩子一起查找答案的过程，其实是在向孩子传达一种求实好学的精神，也是在教孩子一种学习方法，当这些方法潜移默化地渗透到孩子头脑中的时候，他就会受益一生。

“我要和爸爸（妈妈）结婚！”

在日常生活中，我们会经常听到上幼儿园或者上小学一年级的孩子说长大了要和爸爸或妈妈结婚之类的话。有些父母听到后，担心孩子早熟，不知道到底应该怎么回应孩子的童言无忌。

其实，父母对此不必过于担忧，更不要责骂孩子。因为大部分孩子在4～7周岁时都会有这种感情，这是很正常的。这说明孩子开始进入“婚姻敏感期”了。

“婚姻敏感期”是儿童认知社会关系的一个必经过程。在孩子很小的时候，他们主要通过对父母的依恋行为来获得满足和快乐的感觉。对于孩子来说，父母的爱是安全的保障、快乐的源泉，是他健康成长的原动力。从三四岁开始，随着孩子自我意识的逐渐增强，性别角色意识也慢慢增强。开始，他们会对自己的父母产生强烈的好感，所以，就出现了女孩会说要和爸爸结婚，男孩说要和妈妈结婚这一类的话。这种好感实际上是孩子对性别角色和对异性最初的一种认识和体现。

随着孩子慢慢长大，社会交往圈不断扩大，他们开始逐渐发展除父母之外的依恋关系。

最开始时，孩子会选择一对一交换玩具和食物的小伙伴，然后可以和许多小朋友一起玩，接着又回到只和一两个小朋友十分要好的状态。这时的孩子会通过言语和行为表达自己对异性的“喜欢”，也会产生和某人“结婚”的念头。如果你问他为什么，他可能会说“因为好看”“因为我们在一起玩”。

实际上，当孩子表现出这些行为特征时，他们并非真正理解成人世界的爱情和婚姻。这只是随着他们性别意识的发展而对异性产生的一种朦胧好感而已，是孩子表达内心喜爱最直接的方式。

总之，孩子表达爱的方式都是十分简单而美好的，父母不必用成人世界的婚姻观、道德观来评价自己的孩子，不能盲目地对孩子的美好情感进行批评或打压，否则会给自己和孩子造成不必要的心理压力。父母要能理解孩子的这种行为，他总是要经历这一阶段的。所以，父母要有一个正确的态度去面对孩子的“恋爱”与“结婚”，并通过正确的指导，来教孩子学会处理这种关系，让孩子能逐渐形成正确的婚姻观。

1. 正面回答孩子关于婚姻的问题

在婚姻敏感期，孩子可能会提出各种各样的问题，比如：“为什么爸爸妈妈要结婚？”这时，父母要用他能理解的语言，正面回答他。比如可以说：“因为爸爸和妈妈相爱。”当孩子得到这样的回答后，就会理解相爱是缔结婚姻的最基本要素。

需要注意的是，父母不要逃避这个问题，也不要随便敷衍，更不要训斥他，如果他因为父母的态度而对婚姻产生厌倦感，那将会对他今后的生活产生不利影响。

2. 不要嘲笑、批评孩子

处于婚姻敏感期里的孩子只是在对婚姻进行初步的探索。有的孩子对婚姻的理解很简单，他只是单纯地认为，谁对他好他就要和谁结婚。

这时，父母不要嘲笑或批评孩子，要耐心地逐步引导。倘若此时父母给予了孩子打击，那他就会逐渐放弃对婚姻的探索，甚至还会对婚姻产生畏惧感。

3. 跟孩子轻松谈论“喜欢谁”的问题

当孩子跟你说他“喜欢谁”“想和谁结婚”等问题时，不必过于紧张，应该放松心情，在适当的时候给他一些正面的引导就好。

父母千万不要嘲笑孩子的所作所为。要知道，孩子们互相喜欢是很正常的事情，而且他的喜欢也很单纯，就是谁对谁很好而已。如果父母板起面孔说教，反而会容易伤害到他的感情，剥夺他的成长快乐，更有可能会误导他对婚姻的看法。

4. 为孩子营造良好的家庭关系

良好的家庭关系，可以帮助孩子建立正确健康的婚姻观念。并且爸爸妈妈良好的婚姻关系以及和谐的相处之道，也会成为孩子模仿的对象，这会为他将来建立自己的家庭提供参照的典范。

此外，在拥有良好关系的家庭中，孩子能感受到更多的爱，这样他也就能够给予他人更多的爱，还能建立良好的人际关系。

5. 让孩子对婚姻有更深刻的认识

在婚姻敏感期，孩子正在探索婚姻是怎样的一种关系，那父母就应该及时地为孩子讲解相应的知识。当孩子提出要和某某结婚时，父母要告诉他婚姻的最基本要素：第一，两个人必须是异性；第二，两个人必须没有血缘关系；第三，两个人必须相爱。

当孩子明白了这些之后，就能逐渐从要和亲人结婚的想法中脱离。并且随着时间的推移，他也会渐渐明白，选择结婚对象要在他的同龄人中寻找，最重要的是只有相爱的人才能结婚。

附 录

搞懂孩子的心理，才能更好地爱他

孩子和父母属于两个完全不同的世界，如果说父母的世界是现实的陆地，那么孩子的世界就是充满了梦幻色彩的天堂。

在孩子的眼里，世间万物都有灵性。他们会冲布娃娃牙牙学语，也会和小动物说悄悄话……

孩子的内心世界，不但丰富多彩，而且爱憎分明，喜欢你就会冲你笑，不喜欢你就会对你置之不理。他们对人的评价不是“好”就是“坏”，对事物的理解不是“是”就是“非”……

许多事情在成人的眼中是错误的、可笑的，但在孩子的眼中却是正确的、正常的。

由此可见，要想成为称职的好父母，绝对不能以自己的思维模式，按自己的想法，想当然地来教育孩子，你要知道，孩子和你并不属于同一个世界。只有搞懂了孩子的心理，你才能知道自己的孩子需要什么。

所以，要想给自己的孩子一个快乐的童年，一个有益于孩子身心健康的童年，身为父母，我们一定要搞懂孩子的心理，还要了解不同年龄阶段孩子的心理特征。

幼儿期（1～3岁）孩子的心理特征

幼儿期，是指1～3岁这一年龄阶段。孩子大脑的重量增至900～1000克，相当于成人的75%左右。这个时期的孩子已经学会了很多本领，他们已经能够独立行走，手部的动作也有了明显的发展，他们可以独自吃饭、玩耍。3岁儿童已开始有了自我意识，能够分清楚“你、我、他”。在这个时期，孩子开始有意识地去探索世界。

1. 动作发展

幼儿逐渐学会随意行走，2岁以后能跑、跳、爬、越过小障碍物，单独上、下楼梯。到了3岁时，还学会了单脚跳等比较复杂的动作。与此同时，手的精细动作也发展起来，已经能参加基本的生活活动，如吃饭、穿衣、拿玩具和玩一些模仿性游戏。这些动作的发展大大开阔了幼儿的视野和认知范围，对幼儿的心理发展有着积极的促进作用。

2. 言语的发展

幼儿不仅能够理解成人对他讲的话，而且能用一个词来代表一个句子，如说“吃”，可能是说“我要吃”。1岁半以后，由于掌握的词的数量增多了，开始出现多词句；到了3岁，已经能说简单的句子和某些复合句，甚至会看图讲故事、唱儿歌等。

3. 认识能力的发展

视觉方面已经能够分辨红、黄、绿、蓝等几种基本颜色，在空间知觉方面已经能辨别上、下、远、近，但还不能正确指出前、后、左、右。已经能够使用早上、晚上的时间概念。此时期的幼儿在独立完成动作的过程中促进了无意注意的发展，出现了有意注意的萌芽。记忆还是无意记忆，但保持时间明显增长，能保持几个月。有了简单的思维，幼儿的思维特点具有直觉行动性。这就是说，思维是在活动中进行，活动一旦停止，思维也就不再进行。3岁左右已经开始有了想象力的萌芽。但水平很低，范围较窄，他们的想象实际上是一种简单的重复。

4. 情绪和情感的发展

幼儿已基本具备了各种情绪，并开始有了较复杂的情感体验。如愉快、同情感。也会产生一些不良情绪。此时期的情感很不稳定，比如破涕为笑，情感的瞬间变化是比较常见的。

5. 意志和个性特征

这个时期幼儿的意志已经开始发展，如什么都要求“自己来”，而不愿接受成人的帮助。但是，这一时期幼儿的意志行动还是很差的，以冲动性行动为主。个性特征开始萌芽，出生时气质上的差别，在后天环境的影响下，逐渐形成了儿童之间的个体差异。同时，自然意识开始出现，逐渐学会了叫自己的名字，意识到自己身体的感觉，如“宝宝饿了”。

幼儿知道“我”以后，独立性就更强了，并初步学会最简单的自我评价，如说自己“乖”“不乖”等。自我意识对幼儿的心理活动和行为的调节起着重大作用，是个性发展的一个重要条件。

幼儿期在整个儿童时期是一个重要的年龄阶段。幼儿主要通过基本生活活动，在与成人进行日常的语言交往和从事初步的游戏活动的过程中，不断吸收成人的社会经验，从而发展各种心理过程。父母应充分认识这一年龄段幼儿的心理特点，进行心理卫生保健，促使幼儿的心理向着新的、更高的水平发展。

学龄前（3～6岁）孩子的心理特征

3～6岁是儿童智力、思维和语言发展的重要时期，孩子大脑重量已达到1000～1300克（成人一般为1400多克），这是脑功能健全发展的保证。

1. 语言的发育

孩子进入学龄前，其语言能力已有一定的发展，即这个时期的孩子不仅可以通过感知来认识事物，而且能够通过词语的描述、讲解，与各年龄组的人进行沟通，以认识更多的不能直接感知的事物。在内控能力、理解能力、感受能力等相关因素的协同作用下，孩子不仅能够接受别人的言语来调节自己的行为，而且还可以通过自己的言语（自言自语）来调整自己的行为。

2. 自控能力增强

由于大脑皮层机能的逐渐发展，孩子的内部控制机制得到进一步完善，它使儿童能够形成更复杂、更精确的暂时神经联系，对综合分析外界事物，更好地调节自己的行为十分有利。但孩子的这一机能仍在发育阶段，持续性有待发展，所以此时期的儿童不可能长时间地控制自己的行动，对十分精细的动作多不能胜任。父母应了解自己的孩子，在孩子从事某些难度较大的活动时，以灵活的方式帮助孩子做适当的调整，这样可以防止孩子因自控力终结而导致一些不愉快的后果的出现。

3. 理解能力与想象能力的发展

孩子理解能力与想象能力的发展，与其身体的发育及语言水平的发展密切相关。独立行走使儿童接触范围扩大，信息来源增多，随之对神经及脑不断刺激，就会产生学习与模仿的动机。提问题是良好的学习方式，在与成人的一问一答中，儿童对语言及事物的理解能力也会得到锻炼。

但由于儿童接触社会的范围有限，理解能力的发展尚在初期，容易出现一知半解的现象，从而做出一些令成人意想不到的事情。如果此时父母能够及时给予引导，就会对孩子的理解力与想象力的发展起到很好的促进作用。父母不要妄加指责，将孩子置于懵懂的状态之中，否则他们的想象力就会被严重地扼杀。

4. 意志得到发展

新生儿没有意志，婴幼儿在言语发展的同时，行为受言语的调节，出现有意行动及抑制行动的状况，这便是意志的初步表现形态。而学龄前儿童的意志得到了进一步发展，孩子开始提出“自己来”的要求。

“自己来”是意志行动开始发展的标志，父母应抓住这一时机，以教育鼓励为主，使孩子的积极意志品质得到充分发展。学龄前儿童的各项功能尚在发展中，父母应鼓励孩子多参与各种活动。以就餐为例，孩子多凭兴趣自己进餐，由于进餐的准确性，以及手对工具的控制能力稍有不足，容易将饭菜撒落在桌上，或弄脏衣服，同时会产生烦躁情绪。此时父母应通过教育途径，激发孩子战胜困难的勇气，鼓励孩子坚持到底，这样就会使孩子获得成功的体验，从而有助于孩子积极的意志品质的形成。恶语相加和包办代替都是不可取的，只有鼓励与恰当的教育，才能培养孩子的能力，锻炼他的意志，从而为迎接学龄期的到来，做好身心双方面的准备。

学龄期（6~12岁）孩子的心理特征

学龄期孩子的心理最为复杂，也是孩子心理发展极为不稳定的一个阶段，因为孩子即将进入青春期。在这一阶段，父母要有预见性地针对孩子即将成熟的心理特征进行教育，让孩子安全、健康地度过这个阶段。

1. 认知特征

进入学龄期的孩子，其认知特点开始由具体转向抽象，由肤浅转向高深，逐渐发展。即使到了11岁以后，孩子的认知仍然带有很大的具象性，所以父母在教育这个年龄段的孩子时，一定要考虑到这些特点，通过激发孩子的学习兴趣来调动孩子学习的积极性，而不要费力不讨好地苦口婆心地讲大道理。

2. 行为特征

当孩子10岁以后，就有了较为长远的目标，行为可以不为直接目的所左右了，行动的冲动性和受暗示性也开始减弱，个人行为的自我调节能力有了明显增强。但从总体上来说，孩子行为的果断性和坚持性依然较差，经常在“果断”中暴露出其盲动性，在坚持中表现出依赖性。因此，要教育好孩子，父母必须了解孩子在这个时期的行为特征。

3. 个性特征

学龄期是孩子兴趣和爱好的形成阶段，父母要留心这个阶段孩子的个性特点，及时发现孩子的兴趣、爱好，及时对孩子做出正确的引导。

世上没有两片完全相同的树叶，也没有两个孩子的个性倾向和心理特点完全相同。每个孩子都有自己的兴趣，不管孩子的兴趣是什么，父母都应该小心地培养和呵护。

4. 情感特征

学龄期孩子的主要活动是学习，其大部分的情绪情感内容都和学校生活相联系。学习成绩的好坏、在班集中的地位、与同伴之间的关系，都会让孩子产生各种各样的情绪体验。学龄期孩子的情绪表现比较外露，他们容易激动，具有很大的冲动性。对孩子好冲动这一现象，父母没有必要为此而着急上火，因为随着孩子对学校生活的适应，他们的情绪会逐渐稳定下来，总体上来说是平静而愉快的。

5. 自我意识特征

同学龄前儿童相比，学龄期孩子的自我意识更加明确，他们能意识到自己作为独立个体的存在。与中学生相比，他们的自我意识又较多地依赖他人对自己的评价，尤其是权威人物的评价——主要是教师和父母。因此，父母要时常表扬和鼓励孩子，培养孩子的自信心和乐观精神，让孩子充满自信地走完小学阶段。

了解孩子的心理需求

随着年龄的增长，孩子接触事物逐渐增多，孩子的好奇心也开始不断增强。当孩子渐渐懂事后，他们已经不再满足于用听、看、触摸、抓握等感官去探索外面的世界，他们慢慢有了更高层次的需求——心理需求。

对于那些还未进入社会的孩子们来说，“家”是他参与的第一个组织，父母是他最亲近的人。孩子的心理需求能否得到满足，父母在当中扮演了重要的角色。

所以，望子成龙、盼女成凤的父母们，为了让你的孩子健康成长，请先了解孩子的心理需求。那么，孩子的心理需求有哪些呢？通常说来，主要有以下几种：

1. 情感依赖的需求

孩子这种情感依赖在婴儿期表现得尤其明显。比如两三岁的小孩表现得特别“缠人”，妈妈去哪儿，他都要跟着，这也是情感依赖的表现。小孩往往是寸步都不想离开妈妈，之所以这样，是因为他们的情感依赖需求没有得到满足。

有些父母说：“教育孩子，就得使用棍棒政策，跟他讲道理没用。骂一顿、打一顿就听话了。”持这种观点的父母其实是不了解孩子。他们采用老一辈沿袭下来的方法教育自己的孩子。这样做的结局是让孩子从小对父母产生了畏惧，长此以往，并不利于孩子的成长。

其实，当孩子表现出“缠人”的特点时，父母只要多花点时间陪伴自己的孩子，满足其情感依赖的需求，这种情况就会慢慢消失。

2. 归属感的需求

归属感的需求其实并不仅仅体现在孩子身上，这是人类的一种最基本需求。只不过，相对于成年人来说，归属感的需求在小孩子身上更明显。

每一个人都希望自己能够归属于某一团体，能够被这个团体中的其他人所接纳和肯定，也希望自己在团体之中能占一席之地，从而在这个团体中获得个人安全感。

孩子也同样如此。作为家庭中的一分子，他们也希望能够在家庭中拥有自己的地位。但他们的这种归属感需求，常常因为父母的某些行为而得不到满足。

一天，孩子对妈妈说：“妈妈，我来帮你扫地吧！”

妈妈答道：“不用了，你做不了这些事。”

失落的孩子心想：“妈妈嫌弃我，妈妈不喜欢我，我再也不干家务了。”

第二天，有客人马上要来，妈妈着急地对孩子说道：“宝贝，快和妈妈一起收拾一下客厅，一会儿有客人来。”

孩子坐着不动，心想：“我才不管呢，反正我不做你们也能做好。”

由此可以看出，孩子并非天生就是懒惰的，而是当他们想融入家庭这个集体时，被妈妈拒绝了，这时，孩子的归属感就没有得到满足。这样，他不仅不会与妈妈合作，还会变得特别没有责任感。

因此，在日常生活中，父母要有意识地给孩子提供机会，让孩子证明他对家庭是有所贡献的。如饭后让他帮忙收拾碗筷，之后真诚地对他说“谢谢”等。这时，孩子就会有一种“我是有用的，妈妈需要我”的感觉，从而更会积极地为家庭做一些力所能及的事情。这也是孩子归属感得到满足的表现。

3. 被关注的需求

现在的父母因忙于生计而在外打拼，难免就会忽略孩子的各种情感需求。当孩子得不到父母的认同时，他们就会用一些有破坏力的行为来引起父母的注意，哪怕这种行为极具危险性。

妈妈工作了一天，回到家，开始准备给孩子做晚饭。

正在客厅做作业的孩子见到妈妈回来了，高兴地迎了上去，要求妈妈抱。

妈妈一把推开了孩子，径直去了厨房。孩子呆呆地站在客厅中。

妈妈自顾在厨房忙着准备晚餐。

突然，从客厅传来一声巨响。妈妈跑出来一看，餐桌上的小鱼缸掉在了地上。

妈妈生气地对孩子大嚷：“你这是怎么回事？”孩子心想：“你不爱我了没有关系，至少我还能用破坏东西来吸引你的注意力。”

孩子是很会察言观色的小“观察家”，他们很清楚“自己什么样的行为会引起父母什么样的反应”，但是，他们常常会对父母的种种反应做出错误的解释。如上面的事例中，当妈妈冷落孩子时，孩子就会认为是妈妈给他的爱减少了。于是，他们便会用搞破坏的行为来吸引妈妈的注意力，就算是被妈妈打骂也不在乎。因为他们认为，虽然得不到妈妈的爱，但至少还可以得到妈妈的注意。长此以往，这样的孩子很容易发展成叛逆少年或不良少年。

所以，在日常生活中，父母再忙也不能忘记关注孩子的心理需求。当孩子出现不良行为时，父母要分析其心理原因，在满足孩子正当心理需求的前提下，尽快结束孩子的这种“我吸引你注意”的游戏。

4. 被尊重的需求

我们每个人都希望得到别人的尊重，孩子同样也是如此。但是，很多时候，父母总是以居高临下的姿态对待自己的孩子，动辄对孩子进行不恰当的评价、批评、指责。尤其是当面批评，使孩子大伤颜面，没有得到应有的尊重。

父母这样做，可能会导致原本聪明伶俐、成绩优秀的孩子，最后郁郁寡欢，成绩一落千丈。而最可怜的是，父母们丝毫没有意识到这其实是自己的错。

妈妈把孩子屋内的废包装盒纸板折叠好，准备当废品处理。孩子见了非常伤心，难过地说那上面有自己喜欢的图案，准备剪下来收藏。他心里想：“为什么不问问我有用没有就要扔掉？”“你们不喜欢，难道我就不喜欢吗？”“为什么总翻我的东西？”“为什么不问我就扔我的东西？”“你们不尊重我。”

显然，妈妈的“想当然”，伤害到了自己的孩子。孩子其实和大人一样有被尊重的需求。那么，父母应该怎么办呢？

首先，要学会倾听孩子说话。认真倾听孩子说话是尊重孩子的重要表现。其次，要学会向孩子请教，用心理学来研究孩子是怎么想的，研究他们最容易接受的方法是什么，这样就容易得到孩子的配合。

5. 被信任和肯定的需求

尽管孩子很小，但他们也非常希望父母能信任他们。然而，大多数父母总认为他们是孩子，不可靠，不可信，再加上缺乏对育儿知识的了解，因此，常常遗忘了孩子也需要信任这一育儿心经。事实上，每一个孩子都有渴望被信任的心理需求。

小明是一个平时不怎么爱说话的孩子，在唱歌方面也是五音不全，一张嘴就会招来全班同学的嘲笑。

又接近期末测试了，小明整天惶恐不安，担心音乐课的考试。小明的反常表现，引起了妈妈的注意，通过一番了解，妈妈知道了实情。

在期末测试那天，妈妈出现在小明身边。老师刚点到小明的名字，就有同学偷偷地笑，还有个别同学干脆直接对老师说："老师，他不行的，别让他唱了。"

这时，妈妈用赏识的目光、信任的眼神来激励他，在妈妈的鼓励和老师同意妈妈带他一起唱的情况下，小明怯生生地来到讲台上，然后按测试的要求进行表演。表演的结果是只有妈妈的声音，而小明只是动了动嘴唇，没等唱完，他就迫不及待地跑回自己的座位，把头深深地埋在课桌下，此景引来一片哄笑。

这时候，妈妈对小明说："你今天大胆地站上了舞台，就是一大进步，妈妈为你的进步感到自豪。"

小明感受到了妈妈的鼓励，过了一会儿，主动举起手来，要求再考一次。这一次，小明获得了全班同学的掌声。

从此，小明像变了一个人似的，变得非常自信。

要给孩子们力量，就要增强孩子们的自信心。就像上面的例子，小明在妈妈的鼓励、肯定下变得自信和自强。

通过上面这个例子，首先，父母应该领悟到，信任和肯定孩子是多么重要。其次，父母要学会崇拜孩子。因为我们的孩子是天下最好的孩子。每个生命都是独一无二、无可比拟的，作为父母就应该坚信自己的孩子能成为最好的孩子。

称职父母最应该知道的那些心理学规律

家庭教育是一门需要细心打理的艺术，如果你不能全身心地投入进去，那么你的付出就很难获得回报，也可能你花了大力气，但效果却是微乎其微。

所以，在教育孩子的过程中，身为父母的你，不能分心，也不能走神，你应该将目光从别的地方转移到孩子身上。你应该将心思花在孩子身上，多读一些儿童心理类书籍，多浏览一些相关网站，努力探索一些“心理规律”的积极或消极影响，并趋利避害地发挥它们的作用，那样才能科学地引导孩子成为自己理想中的人才。

下面为父母们归纳几种常见的心理学规律，希望爱子心切、对孩子寄予了殷切希望的父母能从中得到些许收益。

心理规律一：罗森塔尔效应

美国著名的心理学家罗森塔尔曾做过这样一个实验：

将一群小白鼠随机分成A组和B组，告诉学生实验者，用来进行迷宫实验的老鼠来自不同的种系：A组的是聪明鼠，B组的是笨拙鼠。几个月后，实验得出了聪明鼠比笨拙鼠犯的错误更少的结论，而且这种差异具有统计显著性。

罗森塔尔对学生实验者测试老鼠时的行为进行观察，并没发现欺骗或做了其他使结果歪曲的事情。似乎可以推断，拿到聪明鼠的学生比那些拿到笨拙鼠的学生更能鼓励老鼠去通过迷宫。也许这影响了实验的结果，因为实验者对待两组老鼠的方式不同。

为了验证自己的猜测，罗森塔尔又来到一所小学。这次，他从一至六年级中各选3个班，在学生中进行了一次煞有介事的“发展测验”。然后，他们以赞美的口吻将有优异发展可能的学生名单通知有关老师。8个月后，他再次来到这所学校进行复试，结果名单上的学生成绩有了显著进步，而且性格更为开朗，求知欲望强，敢于发表意见，与教师关系也特别融洽。

为什么会出现这种现象呢？正是“暗示”这一神奇的魔力在发挥作用。每个人在生活中都会接受这样或那样的心理暗示，这些暗示有的是积极的，有的是消极的。父母是孩子最爱、最信任和最依赖的人，同时也是施加心理暗示的人。如果父母长时间给予孩子消极的和不良的心理暗示，就会让孩子的情绪受到影响，严重的甚至会影响其心理健康。相反，如果父母对孩子寄予厚望、积极肯定，通过期待的眼神、赞许的笑容、激励的语言来滋润孩子的心田，那孩子就会更加自尊、自爱、自信、自强。父母的期望有多高，孩子未来的成就就会有多大！

心理规律二：超限效应

美国著名作家马克·吐温有一次在教堂听牧师演讲。刚开始，他被牧师声情并茂的演讲深深打动，准备捐款。过了十几分钟，牧师还在没完没了地演说，他便开始有些不耐烦了，决定将捐款减半。又过了十几分钟，牧师还在继续他的演讲，马克·吐温决定，放弃捐款的打算。等到牧师终于结束了冗长的演讲开始募捐时，马克·吐温出于气愤，不仅没有捐款，反而从盘子里拿走了几美元。

这种因刺激过多、过强和作用时间过久，而引起心理极不耐烦或反抗的心理现象，被称为“超限效应”。

“超限效应”现象时不时会在家里上演。比如孩子犯错时，父母会三番五次地对一件事做同样的批评，致使孩子从内疚不安变成不耐烦乃至反感讨厌。被“逼急”了，就会出现“我偏要这样”的反抗心理和行为。

由此可见，父母对孩子的批评不能超过限度，应对孩子“犯一次错，只批评一次，而不要没完没了地批评”。如果非要再次批评，那也要换个角度，换种说法。这样，才能避免孩子产生厌烦、逆反心理。

心理规律三：德西效应

心理学家德西曾做过这样一个实验。他让大学生做被试者，在实验室里解一些有趣的智力难题。实验分三个阶段：第一阶段，所有的被试者都无奖励；第二阶段，将被试者分为两组，实验组的被试者完成一个难题可得到1美元的报酬，而控制组的被试者跟第一阶段相同，无报酬；第三阶段，为休息时间，被试者可以在原地自由活动，并把他们是否继续去解题作为喜爱这项活动的程度指标。实验组（奖励组）被试者在第二阶段确实十分努力，而在第三阶段继续解题的人数很少，表明兴趣与努力的程度在减弱，而控制组（无奖励组）被试者有更多人花更多的休息时间在继续解题，表明兴趣与努力的程度在增强。

德西在实验中发现：在某些情况下，人们在外在报酬和内在报酬兼得的时候，工作动机不但不会增强，反而会减弱。此时，动机强度会变成两者之差。人们把这种规律称为“德西效应”。

这个结果表明，进行一项愉快的活动（即内感报酬），如果提供外部的物质奖励（外加报酬），反而会减少这项活动对参与者的吸引力。

德西效应在生活中时有显现。比如，父母经常会对孩子说“如果你这次考得100分，就奖励你100元”“要是你能考进前5名，就奖励你一个新玩具”等。父母们也许没有想到，正是这种不当的奖励机制，将孩子的学习兴趣一点点地消减了。所以，一些与学习无关的奖励，最好不要。

心理规律四：南风效应

南风效应也称“温暖法则”，源于法国作家拉·封丹写过的一则寓言：

北风和南风谁也不服谁，于是商量比威力，看谁能将行人身上的大衣脱掉。北风吹得寒冷刺骨，结果行人为了抵御北风的侵袭，将大衣裹得更紧。轮到南风时，南风和北风的做法截然相反，只徐徐吹动，行人觉得春暖上身，于是开始解开纽扣，继而脱掉大衣，最终南风获得了胜利。

南风之所以顺利让人脱下外衣，是因为它顺应了人的内在需要。这种因启发自我反省、满足自我需要而产生的心理反应，就是南风效应。

通过南风效应，父母们应该能从中学到点什么，那就是教育孩子，经常采用棍棒、恐吓之类的“北风”式教育方法是不可取的。而应该实行南风似的温情教育，多点表扬，培养孩子自觉向上，这样，方能达到事半功倍的效果。

心理规律五：木桶效应

木桶原理是由美国管理学家彼得提出的。说的是一只木桶想盛满水，每块木板都必须一样平齐且无破损。如果这只桶的木板中有一块不齐或者某块木板下面有破洞，这只桶就无法盛满水。也就是说一只木桶能盛多少水，并不取决于最长的那块木板，而是取决于最短的那块木板。这就是木桶效应，亦称为“短板效应”。

孩子的各学科就像拼成木桶的木板。孩子整体素质的提高，不能单指望某几门学科成绩的突出，而取决于整体状况，特别取决于某些薄弱环节。因此，当发现孩子的某些科目存在不足时，父母们应该及时提醒孩子，帮助孩子，让其在这门学科上多花费一些时间，以达到补短的目的。

心理规律六：霍桑效应

在美国的芝加哥郊外，有一家霍桑工厂，该工厂主要制造电话交换机。工厂有较为完善的娱乐设施、医疗制度和养老金制度等。即便如此，工人们仍然愤愤不平，所以生产状况很不理想。后来，心理学专家专门对这些工人进行了一项试验，即用两年时间，专家找工人进行个别谈话，前后一共进行了两万余人次的谈话。专家在谈话过程中，耐心倾听工人对厂方的各种意见和不满，并及时安抚他们的负面情绪。这一谈话试验收到了意想不到的效果：霍桑工厂的产值大幅度提高。

这就是霍桑效应的来源。

其实父母在教育孩子的过程中，也完全可以借鉴一下霍桑效应。身为父母，一定要尽量挤出时间同孩子谈心，且在谈论的过程中，一定要耐心地引导孩子尽情地说，诉说心中的困惑，说出内心的不满。通过诉说，让孩子得以发泄。发泄完后，他们就会感到轻松、舒畅。这样，他们在学习中就会更加努力，生活中就会更加自信。

心理规律七：增减效应

人们都喜欢那些对自己的喜欢能不断增加的人，而不喜欢那些对自己的喜欢不断减少的人，心理学家们将人际交往中的这种现象称为“增减效应”。

在日常生活中，我们都会被商家所采用的增减效应蒙蔽。比如，有一些销售员在给顾客称货物时总是先抓一小堆放在称盘里再一点点地添入，而不是先抓一大堆放在称盘里再一点点地拿出。

父母在评价孩子的时候难免将他的缺点和优点都要诉说一番，并常常采用“先褒后贬”的方法。其实，这是非常不利于孩子成长的方法。在评价孩子时，父母们不妨效仿运用一下“增减效应”，比如先说孩子一些无关紧要的小毛病，然后再适当地给予赞扬。

心理规律八：蝴蝶效应

蝴蝶效应是气象学家洛伦兹1963年提出来的。其大意为：一只南美洲亚马孙河流域热带雨林中的蝴蝶，偶尔扇动几下翅膀，可能就会使美国得克萨斯在两周后一场龙卷风。其原因在于：蝴蝶翅膀的运动，导致其身边的空气系统发生变化，并引起微弱气流的产生，而微弱气流的产生又会引起它四周的空气或其他系统产生相应的变化，由此引起连锁反应，最终导致其他系统的极大变化。此效应说明，事物发展的结果，对初始条件具有极为敏感的依赖性，初始条件的极小偏差，将会引起结果的极大差异。

从蝴蝶效应里，父母们应该知道，教育孩子无小事。一件事情的处理是否正确，一句话的表达是否恰当，都会影响孩子的成长。

心理规律九：贴标签效应

在第二次世界大战期间，美国由于兵力不足，而战争又的确需要一批军人。于是，美国政府就决定组织关在监狱里的犯人上前线战斗。为此，美国政府特派了几个心理学专家对犯人进行战前的训练和动员，并随他们一起到前线作战。

训练期间，心理学专家们对他们并不过多地进行说教，而特别强调犯人们每周给自己最亲的人写一封信。信的内容由心理学家统一拟定，叙述的是犯人在狱中的表现是如何好、如何改过自新等。专家们要求犯人们认真抄写后寄给自己最亲爱的人。3个月后，犯人们开赴前线，专家们要犯人给亲人的信中写自己是如何服从指挥、如何勇敢等。结果，这批犯人在战场上的表现比起正规军来毫不逊色，他们在战斗中正如他们信中所说的那样服从指挥，勇敢拼搏。

后来，心理学家就把这一现象称为“贴标签效应”，心理学上也叫“暗示效应”。

这一心理规律在家庭教育中有着极其重要的作用。如果我们总是对着孩子吼“怎么这么笨”“连这么简单的题目都不会做”等，时间长了，孩子可能就会真的成了我们所说的“笨蛋”。所以，父母应该多用激励性语言，对孩子多贴正向的标签。

心理规律十：登门槛效应

这个效应是美国社会心理学家弗里德曼与弗雷瑟于1966年做的“无压力的屈从——登门槛技术”的现场实验中提出的。实验过程是这样的：

实验者让助手到两个居民区劝人们在房前竖一块写有“小心驾驶”的大标语牌。在第一个居民区向人们直接提出这个要求，结果遭到很多居民的拒绝，接受的仅为被要求者的17%。在第二个居民区，先请求各居民在一份赞成安全行驶的请愿书上签字，这是很容易做到的小小要求，几乎所有的被要求者都照办了。几周后再向他们提出竖牌的要求，结果接受者竟占被要求者的55%。

登门槛效应又称“得寸进尺效应”，是指一个人一旦接受了他人的一个微不足道的要求，为了避免认知上的不协调，或想给他人以前后一致的印象，就有可能接受更大的要求。这种现象，犹如登门槛时要一级台阶一级台阶地登，这样能更容易顺利地登上高处。

心理学家认为，在一般情况下，人们都不愿接受较高较难的要求，因为它费时费力又难以成功。相反，人们却乐于接受较小的、较易完成的要求，在实现了较小的要求后，人们才慢慢地接受较大的要求，这就是登门槛效应对人的影响。

日常生活中常有这样一种现象：在你请求别人帮助时，如果一开始就提出较高的要求，很容易遭到拒绝；而如果你先提出较小要求，别人同意后再增加要求的分量，则更容易达到目标。这种现象被心理学家称为“登门槛效应”。

在家庭教育中，登门槛效应有其独有的魅力，父母们不妨借鉴一下。对自己的孩子，父母不宜一下子对他们提出过高的要求，而是应先提出一个只要比过去有进步的小要求，当孩子达到这个要求后再通过鼓励逐步向其提出更高的要求，那样孩子往往更容易接受并力求达到。登门槛效应蕴含的是一种教育的理性、教育的智慧。

心理规律十一：链状效应

有一句俗话是“近朱者赤，近墨者黑”，在心理学上这种现象被称为“链状效应”，它是指人在成长中的相互影响作用。

这种效应在年龄低的孩子中表现得尤为明显。就孩子的链状效应看不是单方面的，既表现在思想品德方面的互相感染，也在个性、情绪、兴趣、能力等方面发生综合影响。利用孩子们的链状效应，让不同性格的孩子在一起可以取长补短。因此，父母应有意识地优化孩子周围的环境，如让娇生惯养的孩子与独立性较强的朋友做伴，胆小畏怯的孩子和勇敢坚强的孩子交友。

心理规律十二：名人效应

美国心理学家曾做过一个有趣的实验。在给大学心理系学生讲课时，教师向学生介绍说聘请来了举世闻名的化学家。然后这位化学家说，他发现了一种新的化学物质。这种物质具有强烈的气味，但对人体无害。在这里只是想测一下大家的嗅觉。接着打开瓶盖，过了一会儿，他要求闻到气味的同学举手，不少同学举了手，其实这只瓶子里只不过是蒸馏水，而这位化学家则是从外校请来的德语教师。

这种由于接受名人的暗示所产生的信服和盲从现象被称为“名人效应”。名人效应的产生依赖于名人的权威和知名度。名人之所以成为名人，是因为在他们那一领域必然有其过人之处，所以名人更能引起人们的好感、关注、议论和记忆。由于孩子的认知特点及心理发展，他们多被名人形式化、表面性的形象所吸引。他们喜欢的名人多为歌星、影星一类，甚至出现追星现象。这就要求父母为孩子选择好“名人”，以促进学生的健康成长。

心理规律十三：潘多拉效应

在古希腊有这样一个神话，说宙斯给一个名叫潘多拉的人一个盒子，告诉她绝对不能打开。潘多拉很好奇：“为什么不能打开？还要‘绝对’？里面究竟有什么呢？”她越想越好奇，希望知道真相。在这种好奇心理的作用下，她把盒子打开了。

后来，心理学家就把这种“不禁不为，愈禁愈为”的现象，称作“潘多拉效应”。潘多拉效应的心理实质是好奇心和逆反心理在起作用。有心的父母可以从潘多拉效应里领悟到教育孩子的智慧。

几岁到十几岁的孩子正处于好奇心和逆反心理极强的时期，父母越是不肯教孩子认字，孩子越想学习认字。其实，如果父母掌握孩子的这一特点，并巧妙地引导孩子，就很容易让孩子对学习有一个全新的态度，从而把学习当作一种乐趣。

需要提醒的是，父母在利用这个效应与孩子沟通时，要注意这样一个问题，那就是父母所说的话、所做的事一定要能够引起孩子的兴趣。例如，父母在推荐课外书给孩子看时，所推荐的书一定要符合孩子的认知水平，一定要能引起孩子的兴趣，否则孩子就会对读书产生反感，从而产生厌学情绪。

婴儿抚触：源于心灵的安抚和交流

婴儿抚触是当今流行的一种母婴交流方式。给婴儿进行系统的抚触，有利于促进婴儿的生长发育，增强婴儿免疫力，有利于婴儿肠胃健康，增进食物的消化和吸收；减少婴儿哭闹，增加睡眠。

同时，抚触可以增强婴儿与父母的交流，帮助婴儿获得安全感，发展对父母的信任感。

儿童心理学研究发现，有过婴幼儿期抚触经历的人，在成长中较少出现攻击性行为，他们的性格比较开朗阳光，负面情绪较少，喜爱助人，比较合群。

婴儿抚触需要的条件

父母在给婴儿进行抚触时，应把婴儿放在温暖、安静的环境中，使他体位舒适。要选择适当的时间进行抚触，不能在婴儿饥饿或刚吃完奶时对他进行抚触，这样反而会使婴儿烦躁不安。父母的双手要温暖、光滑，指甲要短、无倒刺，并不戴首饰，以免划伤婴儿娇嫩的皮肤。父母可以倒些婴儿润肤液于手掌中，轻轻按摩至吸收，以起到润滑的作用。

婴儿抚触的顺序

头部—胸部—腹部—上肢—下肢—背部—臀部。

婴儿抚触的具体操作方法

1. 头部

（1）双手拇指指腹从眉间向两侧滑动。

（2）双手拇指从下颌上、下部中央向外侧、上方滑动；让上下唇形成微笑状。

（3）一手托头，用另一只手的指腹从前额发际向上、后滑动，至后下发际，并停止于两耳后乳突处，轻轻按压。

2. 胸部

双手分别从胸部的外下方（两侧肋下缘）向对侧上方交叉推进，至两侧肩部，在胸部划一个大的交叉。注意要避开新生儿的乳头。

3. 腹部

食、中指依次从新生儿的右下腹至上腹再向左下腹移动，沿顺时针方向画半圆。注意要避开新生儿的脐部。

4. 四肢

双手交替抓住婴儿的一侧上肢从腋窝至手腕轻轻滑行，并在滑行的过程中从近端向远端分段挤捏。对侧及双下肢的做法相同。

5. 手和足

拇指指腹从婴儿手掌面向手指方向，或从脚跟处向脚趾方向推进，并抚触每个手指或脚趾。

6. 背、臀部

以脊椎为中分线，双手分别放在脊椎两侧，从背部上端开始逐步向下渐至臀部。

（1）婴儿呈俯卧位，两手掌分别平放于脊柱两侧，并由中央向两侧轻轻滑动。

（2）以脊柱为中线，双手食指与中指并拢由上至下滑动四次。

抚触的注意事项

（1）确保抚触时不受打扰，可放一些柔和的音乐帮助彼此放松。以每日3次，每次15分钟为宜。

（2）抚触最好在婴儿沐浴后或给他穿衣服时进行，抚触时房间需保持温暖。

（3）开始时要轻轻抚触，随后再逐渐增加压力，以便婴儿适应。

（4）婴儿出牙的时候，面部抚触和亲吻可使其脸部肌肉放松。

（5）不要强迫婴儿保持固定姿势，如果婴儿哭了，要想办法让他安静下来，才可继续进行抚触。如果婴儿哭得厉害，就应停止抚触。